[事故やトラブルを避けるための知識と技術]

命を守る
バイク術

STUDIO TAC CREATIVE

contents

contents

contents

7

はじめに

　ライダーが生身の身体でバイクに跨がり、自由自在に駆け回る。バイクは移動手段として便利に活用できるだけではなく、颯爽と風を切って走れる気持ちよさには格別のものがあります。

　その気になれば手軽に、しかも自分で操縦できる地上の乗り物の中で、最も俊敏な動力性能を発揮できるという点でもバイクの右に出るものはありません。速さや技を競うモータースポーツの分野でもそのエキサイティングなエンターテイメント性が観客を魅了し、世界各地で侮れない人気を集めているのはご存知の通りでしょう。

　一般的なユーザーは、日常的な足代わりや休日のツーリングなどでバイクのある生活を楽しんでいることと思います。ひとり、あるいは仲間と一般公道を走り、風光明媚な環境に身を置いて空気を浴び、心を癒しているわけです。

　そんな中でも、身におよぶ危険性の数々

をライダーは肌で直接感じ取ることができ、失敗（＝事故）を防ごうとする本能の働きが自然と活性化されて鋭敏になります。

　安全運転にはそれなりの「緊張感」を伴うのが本来のあるべき姿で、無事に走り終えた時の解放感や、帰宅した時の安堵感もまたひとしおと言えます。

　それは鉄の箱で守られた自動車で得られる感覚とは明らかに異なっています。つまりバイクに乗るとごく自然と気が引き締ま

ります。必要に応じて全身の筋力を駆使することになり、あらゆる感受性が冴えわたります。さらには脳機能の活性化にも寄与すると言うから不思議です。

　周囲の景色や状況の変化が目に飛び込む。空気感や天候の変化、寒暖や湿気、匂いにも敏感になります。同じ場所に旅行したとしてもバイクで行くとより鮮烈な印象が残るのです。

　その理由はただひとつ、「バイクは危な

9

い!」からなのです。

　まさに「死と隣り合わせ、悲惨な事故への危険性」が常にひそんでいます。改めてその事実への理解と、それに対処する意識を深めて欲しいと願って本書の制作は始まりました。安全で快適かつ価値あるバイクライフを享受するには、バイクの特性を理解し、充分に怖さを知った上で、いつも真摯な態度で謙虚で優しい気持ちも添えて乗って欲しいのです。

　常に細心の神経を張りつめて周囲の状況把握に努める。簡単に言うと"気をつける"その意識を育むことが大切なのです。

　警視庁事故統計を読み解くと交通事故による死亡者数は減少傾向を続けている一方で、バイクによる死亡事故件数が増加傾向に転じています。

　コロナ禍の影響もあって、通勤需要が増えるなどバイクブームが再燃しました。新規免許取得者が増え、バイク利用者が増加すれば事故発生件数が増すのは自然の成り行きですが、中でも目立っているのは50歳代以上のシニア世代。さらに注目すべきは、単独（自爆）事故例がとても多いということです。リターンライダーも多いの

ですが、若い頃に果たせなかったライダーへの夢を叶えようというシニア世代のビギナーも増加しています。彼らは経済的に余裕があるためか、いきなり大排気量の高性能バイクに乗り始めるケースが多く見受けられます。バイクに関する理解が深ければ、それが無謀なことだと気づくことができたと思いますが、残念ながら現実は厳しく悲しい結果を残してしまうことがあるのです。単独事故の多発が如実にそれを物語っています。

本書の出版元であるスタジオタッククリエイティブの行木 誠氏は、自身もライダーである編集者。こうした昨今のバイク事情に憂いと危機感を覚えて、本書の制作発行を企画したと言います。もちろん本を読むだけでバイクの扱いが上手くなるわけではありません。習うよりも慣れていく経験の積み重ねが大切なのです。その中でバイクという乗り物を理解し、その扱い方を学ぼうと心得、安全を高める「意識」を持つことが重要です。しかし、あらゆる事態を経験するというのは難しいので、本書には身近にある危険や事故を避けるためのヒントを多数掲載しました。本書が安全で楽しいバイクライフの一助になれば幸いです。　　　　　近田 茂

[第1章]

安全のための
基本テクニック

バイクを運転するための基本を身につけよう

バイクは気軽な乗り物と考える方も多いと思いますが、人間が跨った状態で四輪車と同じ速度で走行するということを考えると、安全面という意味では四輪車に遠く及びません。つまり、自分の身体、ひいては命を守る必要があり、そのための装備や技術を身につけることが大切です。

まず身の安全を守るためには、転倒衝突など万一の場合に考えられるダメージに備えることが重要です。ヘルメットはもちろん各種ライディングギアの充実装備を施して初めて安心して運転に集中できると心得ましょう。

また車庫からバイクを出し入れしたり、ちょっとした取り回しやスタンド立てを思い通りに行なえることも重要。普段から不安なくバイクに乗るための基本として、大き過ぎないサイズの足がつきやすいバイクでその取り扱いに慣れ親しみ、気持ちに余裕をもって走り出せることが大切です。つまり習うより慣れることが重要。しっかりと経験を積んで熟練上達を楽しみましょう。

要は力を使わずに扱えるよう、バランスを制御するコツの習得が要となります。練習で大汗をかいて頑張るより、むしろ最初は無理せず楽に扱えるバイクを選択することの方が、ずっと大切であることに気付いて欲しいと思っています。

初心者なら、まずは軽く扱えるバイク、具体的には車重が100kg程度、エンジンは125ccぐらいまでの軽量級で最初のステップを踏むのが無難です。その方がスロットルの開け閉め（加速と減速）からコーナリングテクニック、急ブレーキでの危険回避動作まで、程良い練習に繋がるからです。

理想を言うなら、滑りやすい不整地（オフロード）で走るのがおすすめ。車輪が滑ると転倒することや転倒に至らせない方法が理解できるようになります。滑った時のコントロール方法や滑らせない扱い方、場合によってはさらに高度なテクニックを知るレベルまで体験できるので、とても良い効果的な練習になります。

操縦方法は基本的に舗装路でも同じです。ダートで走る機会が持てないなら、どこか安全なスペースで先ずは小回りUターンを徹底練習し、左右をマスターしたなら、そのままタイトな8の字走行にトライしましょう。さらに長い8の字を描く中で加速と旋回前の減速を組みあわせていくと、いつのまにか不安なく走れるレベルまで上達するはずです。

バイクに乗る時は、身につける物も重要です

バイク用として作られたウェア類は多少高価かもしれませんが、安全のことを考えて作られているので、初心者ほどおすすめです。

　まずは頭部と手足、そして胸部の保護を考えます。今は優れたライディングギアが揃っているので、自分の使い（走り）方に相応しい装備を吟味しましょう。身体の動きを邪魔したり血流を圧迫しないよう、サイズはきつ過ぎないことが大切。また一般的なウェアを流用するなら、風で服がバタつかないこと、パンツの裾がステップ等に引っかからないことに注意します。体温調節や雨対策も重要。専門店のアドバイスを参考にするのもおすすめめです。ヘルメットは必ず、安全性の高い「乗車用」とされているものを選びましょう。また、跳石や虫などを避けるため、シールド付きを推奨します。

ヘルメット

バイクに乗るのであれば、ヘルメットはジェット型かフルフェイス型を使いましょう。フルフェイスは顎までガードできますが、視界はジェット型の方が広く一長一短です

顎紐は必ず締めましょう。転倒した時に脱げてしまっては、ヘルメットは何の意味もありません。締め具合は、指が一本が入る程度です

グローブ

バイク用は操作がしやすく作られています。必ず試着して、サイズの合った物を使用しましょう

シューズ

バイク用はシフトやブレーキを操作しやすく作られており、プロテクターも装備されます

ウェア

肘は転倒時にぶつけやすい部分なので、パッドが入っている物を身に付けましょう

肩と脊髄を守るために背中も、パッドを装備しておきたい部分です。

最近は胸部プロテクターの装着が強く推奨されており、単独で装着できるものもあります

膝も転倒時にぶつけやすいので、膝パッドもマストな装備と言って良いでしょう

乗車時の姿勢は、安全を確保する第一歩

乗車姿勢はバイクを正しく操作するために重要です。体格の差や好みはありますが、基本的な乗車姿勢は崩さないようにしましょう。

バイクの車種やタイプによってポジションが異なるので、ライディングポジションは必ずしも一様ではありません。基本論として心得ておいて欲しいのは、ステップにのせた足（爪先）と膝（股）は開かないことです。背筋を伸ばして遠く前方を広く見渡し、多くのことに注意を払える姿勢を保つことが大切。上体を支えるためにハンドルにしがみつかないことも重要です。肘を伸ばして突っ張るのもNGです。全身の筋力を活用することで、体重が分散されて尻が痛くなりにくいことも覚えておきましょう。

正しいポジション

ステップに土踏まずをのせてそのまま腰を下ろし、グリップを軽く握って肩の力を抜きます。背筋を伸ばして遠くに視線を置き、膝は開かずにニーグリップを意識します

シートの後ろに座りすぎたせいでハンドルが遠くなり、頭が下を向いて視界が狭くなっています。また、肩に力が入っているため、ハンドル操作にも影響が出ます

反り返るような殿様乗りはハンドルが遠くなり、膝が開いてニーグリップが甘くなりがちです。また、ステップ、シート、ハンドルへの荷重のバランスが崩れるので、操作がしにくくなります

レバーとスロットルの操作を、スムーズにするためのヒント

教習所ではブレーキレバーとクラッチレバーを四本指で操作すると習いますが、方法を変えると操作しやすくなることもあります。

ハンドルを握る時、親指はグリップの下に回し、人指し指から小指を上を回して握るのが基本です。鉄棒やラケットを握るのと同様に、グリップをしっかりと掴めることが重要です。その上で左右レバーを残りの三本か二本または一本指で操作します。発進時にクラッチを労る意味で、四本指でレバーを目一杯引

く（クラッチを完全に切る）ことはあります。ブレーキレバーも握力不足をカバーする意味で四本指操作もあり得ますが、基本は繊細に制御したり、シフトダウン時のブリッピング（回転を少し上げる操作）など、スロットルとブレーキを同時に個別操作するために一〜三本指で扱うテクニックを習得しましょう。

基本操作

右手では、スロットルとフロントブレーキを操作します。ほとんどのバイクは、フロントブレーキをメインに制動することになります

左手は、パワーの伝達を断続するクラッチレバーを操作します。発進時などは繊細な操作が必要になります

スロットルとブレーキレバー

四本指でブレーキレバーを握ると、強い制動力を発揮できます。ただし、スロットルの操作はできないので、シフトダウン時のブリッピング操作が上手くできません。また制動時にスロットルを開けてしまいやすいので注意しましょう。

スポーツ走行をする際に多いのが、この人差し指と中指の二本でブレーキレバーを操作する方法です。薬指と小指でスロットルを扱えるので、ブリッピング操作も可能です

中指、薬指、小指の三本でブレーキレバーを操作する方法もあります。この方法でもスロットルを操作することが可能です。上記の二本指での操作と両方試してみて、自分のやりやすい方で操作しましょう

クラッチレバー

クラッチレバーは車種によって重さが異なり、握力も人それぞれです。発進時などは確実な操作が必要なので、四本指での操作が基本です

シフトチェンジの際はクラッチを切るのは一瞬なので、二本指で操作し、残りの指でグリップを握っておくのもものあります。また、最近はクラッチを切らずにシフトチェンジができる、クイックシフターを採用した車種も増えてきています

アジャスターは有効に使おう

手の大きさや指の長さは人によって異なるので、レバーにアジャスターが付いている場合は必ず自分の一番操作しやすい位置にアジャストしましょう。これだけで操作性は格段に上がります

愛車のハンドルが、
どのくらい切れるか確認しておこう

バイクによってハンドルの切れ角は異なります。Uターンの時などに戸惑わないように、必ず一度切れ角を確認しておきましょう。

　バイクはハンドルを切るというよりも、車体を傾けて曲がる乗り物なので、通常の走行時にバイクのハンドルを一杯まで切ることはあまりありません。ハンドルの切れ（操舵）角はだいたい35〜40度が一般的。スーパースポーツタイプは30度程しか無い車種もあり、オフロードタイプでは45度ぐらいのもあります。大切なのは乗るバイクのハンドルがどの程度切れるかを予め知っておくこと。小回りUターンなどで予期する切れ角が得られないと失敗（転倒）してしまうことが多いからです。初めて乗るバイクに跨がった時はハンドルを左右に目一杯切って切れ角を確認する必要があることを覚えておきましょう。

ハンドルの切れ角を確認しておく

跨った状態でハンドルを左右にフルロックしてみます。スポーツバイクはハンドルの切れ角が少ない車種が多いと言えるでしょう

ハンドルにスマートフォンホルダーなどを取り付けた際は、ハンドルを切った時にタンクなどにぶつからないことを確認しておきましょう

ギア付きのバイクは
両足での操作もスムーズに

**ギア付きのバイクは左足でシフトチェンジ、右足でリアブレーキを
操作します。ステップに置く足の位置について考えてみましょう**

バイクを積極的に制御するにはライディングポジション（乗車姿勢）がとても重要です。基本は下半身で人車一体となり、それをベースにして腹筋背筋のバランスで上体を支え、ハンドルは力を加えることはあっても決して掴まないようにします。つまりライディングには全身の筋力を活用するのです。常に力を入れ続ける必要はありませんが、時にステップを踏ん張り、踵や膝で車体を掴む（挟む）ことであらゆる操作を自由自在にできる体勢を整えておくことが大切なのです。コーナリングの時なども、ステップへの加重のかけかたで曲がり方が大きく変わります。無理をしない範囲で、色々試してみてください。

シフトチェンジをする左足

土踏まずの位置でステップに足を置き、つま先はシフトペダルの上に置くのが基本です

加速レーンなどで続けてシフトアップする場合は、シフトペダルの下につま先を置いたままにしておくこともあります

リアブレーキを操作する右足

1 リアブレーキをいつでもかけられるように、ブレーキペダルの上につま先を置いておくのが基本です **2** このようにつま先をブレーキペダルの下にするのはNGです **3** スポーツ走行の際などは、このように親指の付け根あたりをステップに乗せると、くるぶしでのグリップを効かせやすくなります

ニーグリップ

教習所では繰り返し、ニーグリップの大切さを教わったことでしょう。ニーグリップをしっかりすることで車体は安定し、上半身からは余計な力が抜けて楽になります。教わったからやるのではなく、なぜニーグリップが必要なのかを考えながら乗るとその重要性が分かってきます。またその加減はシチュエーションによっても変わるので、色々試してみましょう

センタースタンドを
確実にかけられるようにしておこう

**センタースタンドには色々なメリットがあります。愛車にセンター
スタンドが付いているなら、かけられるように練習しておきましょう。**

　センタースタンドは、メンテナンスの時な
どに役立つ装備です。かけ方は習うより慣れ
ろが肝心なので、サポートしてくれる人がい
る時に練習しましょう。最初は力もいるし倒
してしまわないかと不安でしょうが、次のふ
たつのコツを覚えれば怖くありません。①ハ
ンドルをまっすぐにする。②スタンドの両足
を均等に接地させる。これで準備完了です。
身体に近い（腰脇）位置に置いた右手で車体
を掴み、スタンドのステップに全体重を載せ
つつ足の屈伸を活用して伸び上がりながら
後退させればOK。最初に前輪を少し高い所
に置き、前輪が落ちる勢いを利用するとより
簡単です。

センタースタンドの意義

センタースタンドをかけることで車体は安定し、前後のホイールを回すこともできます

センタースタンドのかけ方

ハンドルをまっすぐにした状態で保持し、センタースタンドの両方を接地させます

右手でタンデムグリップなどの力をかけても大丈夫な部分を持ちます

スタンドを真下に踏み下ろします。一気に踏み下ろさないと、バランスを崩すので注意

スタンドを踏み下ろすと同時に、右手を引き上げるようにすると少し楽にかかるはずです

体重の軽い人はかけにくいと思うので、スタンドを踏み下ろすより後退しながら蹴り下ろすイメージで。誰かにサポートしてもらって、練習しておこう!

25

両手でハンドルを持ち、フロントブレーキに指をかけておきます

ハンドルをまっすぐに保持して、腰を車体に軽く当てておきます

一瞬後ろ側に車体を引いて勢いを付け、フロントタイヤが浮く状態にします

そのまま一気に車体を前に押し出します。スタンドが外れて、前後のタイヤが接地します

前後のタイヤが接地したら、フロントブレーキをかけて車体が前に出るのを止めます

ブレーキをかけて車体が安定したら、サイドスタンドをかけます

引き回しができなければ
そのバイクに乗れません

バイクはバックができないので、押して動かさなければならない場合もあります。その際の取り回しには、コツがあります。

　まずは車体を垂直に立てます。そのバランスを保てば、バイクを支える力はゼロに近づき押し引きに専念できます。バランスはハンドル操舵で制御できることも理解しておき、平坦な舗装路で8の字を描く練習をしましょう。右手の指はブレーキレバーに添えておくこと。押す力の方向は前輪の向きに合わせ、慣れたらバックの練習もしましょう（押す力の方向は後輪の向きに合わせます）。前進中、右に倒しそうな時は右（後退時は左）に操舵すると復帰できます。自在にバイクを引き回せるように、練習しましょう。

基本姿勢

ハンドル操舵でバランスを保てるように練習しよう

車体に腰を当てて、軽く車体をもたれかからせることで格段に安定性が増します。また、足に力を入れやすくなるので、取り回しが楽にできるようになります

前進

車体の引き回しをする際は、必ずブレーキレバーに指をかけておきます

前進させる時は、押す力はハンドルの向きに合わせ、進めたい方向に前輪の向きを合わせて進みます。腰は車体に軽く当て、ステップに足を引っかけないように注意しましょう

バック

車体をバックさせる時は、車体を腰に預けてしまうと楽です。腕の力だけで動かそうとせず、腰でも車体を押して力を分散させます。フロントフォークを縮めて反発力を使うと、ギャップなどを越えやすくなります

ハンドルを切ってのバック

ハンドルを進む方向にフルロックした状態で動かし始めると、動かした時に安定します

車体を動かしている時のハンドル操作は慎重に。右手でシートを押す方法もあります

ハンドルを切った側の腕で車体を引き、腰で車体を押します。反対の腕は添えるだけです

切り返す時はハンドルをゆっくり少しずつ動かし、大きく切る時は車体を止めます

引き回しはある程度力のいる作業です。重くて動かせないのであれば、そのバイクには乗れないということ。購入時に、必ず引き回せるか確認しよう!

Uターンの練習をしよう

Uターンはバイクに乗る上で、不可欠な技術です。自分の愛車で
きちんとUターンができるように、広い場所で練習しましょう。

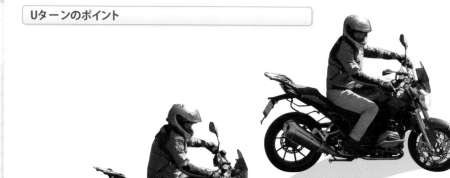

クラッチの断続でスピードを
コントロールしますが、クラッ
チを完全に切ると車体が倒れ
やすくなるので注意しましょう

慣れないうちは内側の足を出
したままでもOK。視線は180
度以上先に置きます

ハンドルはUターンする方向
にフルロックし、ゆっくりとス
タート

　最初から上手にUターンを決めようと欲張らずに、徐々に慣れていくようにしましょう。平坦路で練習し、次の段階で傾斜地での扱いや8の字も習得しておきましょう。まずハンドルを右にいっぱい切り、そろそろと発進。左足はステップに載せ右足でバイクを支え、車体が右に傾いている状態を保ちます。右足を先へ移しながらゆっくり旋回することから始めると、やがて足をつかなくても回れるようになり、少しの加速で立ち上がる感覚も覚えられます。

完全に方向が変わるまで、スロットルはできるだけ丁寧に操作しましょう

車体の向きが反対側を向いてきたら、ハンドルを少しずつ戻していきます

完全に向きが変わったら、Uターン終了。縁石にフロントタイヤをぶつけないように注意しましょう

ブレーキとエンジンブレーキを
上手に使おう

バイクのブレーキは前後を別々に同時操作します。ブレーキを
適切に操作するのはもちろん、エンジンブレーキも併用しましょう。

右手はブレーキとスロットルをそれぞれに独立して操作する必要があります。間違っても急ブレーキ時に意図せずにスロットルを開けてしまわないように気をつけましょう。そのためには基本的な「レバーの握り方を」を身につけることが大切。またエンジンブレーキも有効かつスムーズに働かせていくには、一定の制動握力を保ちながらそれとは別に的確なスロットル操作をする必要があります。「前ブレーキとスロットルオフによるエンジンブレーキ」という二重操作の、繊細な扱いを習得しましょう。

ブレーキをかける時のポイント

エンジンブレーキ、ブレーキの順でかけると、スムーズに減速することができます

ブレーキ

バイクはフロントとリアのブレーキを別々に操作するようになっていますが、前後連動タイプもあります。用途に合わせて前後のブレーキのバランスを変えることもあるので、少しずつ試して最適なブレーキングの方法を身につけましょう。

ほとんどのバイクはフロントブレーキを主に使用して減速や停止を行ないます

減速時は後輪が滑りやすくなるので、リアブレーキは強くかけすぎないよう、扱いは繊細に

エンジンブレーキ

エンジンブレーキはスロットルを戻した時に生じるエンジンの抵抗によって、速度を落とす減速手段です。ギアをダウンするとさらに強くエンジンブレーキは効くので、前後のブレーキと併用することでより短距離で制動することができます。

スロットルを戻すだけでエンジンブレーキがかかり、車速はある程度減速します

ギアダウンすると強くエンジンブレーキが効き、リアタイヤがロックすることがあるので注意

[第2章]

安全のための
心構えと走行の基本

「運転が上手＝事故に遭わない」ではありません

　バイクの運転が下手なよりは、上手な方が良いのはあたりまえのことでしょう。なぜなら危険が迫った時、思いのままに回避あるいは止まることができれば事故にならずに済むからです。実際、きちんとした技術があれば「止まれた」、「曲がれた」はずなのに事故になってしまったというケースは多くあります。

　しかし、必ずしも運転が上手なライダーが事故に遭わないとは限りません。自分の運転技術への過信が事故を招くこともありますし、避けきれないもらい事故もあります。つまり、事故が起きる要素は、ライディングテクニックとはまた別のところに存在していることに気付いて欲しいと思います。ただし、基本的な技術が未熟なためや、不注意によって起きてしまう事故もたくさんあります。

　事故を防ぐためのポイントを言葉で表現すると、"無理をしない"、"慌てない"、"用心する"につきます。具体的には危険には近寄らないスタンスに徹すること。臆病と言えるほどに身を守る術をフルに発揮すること。あるいは発揮しようと心掛ける注意深さが大切なのです。常にビクビクしていたら走れないと思うかもしれませんが、慣れてくると安心して走りやすい場面と、何だか危なそうな箇所とは肌感覚で区別できるようになるのです。

　運転には常に適度な緊張感を絶やさないことが重要ですが、リラックスできるところと用心すべきところのメリハリが理解できるようになり、結果として周囲のリスクを遠ざけることができようになるでしょう。

　もちろん事故の可能性がゼロになることはありません。その危険性や怖さを常に意識することで、安全確認も積極的により確実に励行できるのです。

　きちんとルールに則った正しい走りに徹していても、ルール無視の酷い車やバイク、自転車や歩行者に出会うことがあります。こんな時はどちらが正しいとか間違っているとかの正義感を主張するのではなく、あくまで事故防止の観点に立つことを最優先しましょう。

　バイクに乗り慣れると扱いや操縦への不安が解消されて、素晴らしい景色も豊富に目に飛び込んでくるようになるでしょう。しかし油断は大敵です。リラックスするのはOKですが、それは気を抜いて良いということではありません。常に適度な緊張感を絶やさないことが鉄則です。

安全のための心構えと走行の基本
一般道路

「事故に遭わないこと」が一番大切です

対車両、対歩行者と事故を起こす危険性が高いのが一般道路です。前の文中で慣れてくると「リラックスできるところと用心すべきところのメリハリが理解できるようになる」と記しましたが、市街地では緊張の糸が途切れることが無いほど、周囲には危険な要素が溢れています。

その場その場に応じて注意すべき対象物は変化し、目のつけどころも次々と変わっていくことが理解できるようになるでしょう。飛び出しや停止車両、タクシーの挙動など、注視対象は沢山存在しますが、状況変化を常に先読みしながらどこに注目して行くべきか、自分がどの位置を走るべきかは、熟練と共に精度を増していきます。

ただし、自分の読みが必ずしも正しくない場合があること、またこれまでに経験のない突拍子もないことが起きる可能性があるということは常に頭に入れておきましょう。用心深い判断や行動が身を助けることがあるからです。

例えば道を譲られた時、親切な相手を待たせたくないという気持ちからついつい焦ってしまうことがあります。その結果安全確認が疎かになり、事故を起こす例も多いのです。

事故に遭わないためには細心の注意を払いながら考えられる術は全てに努力しましょう。安全に対するその強い意識を注ぎ続けることが欠かせないのです。

歩行者や自転車を相手に事故を起こしてしまうと、どんなに相手が無茶苦茶なことをしたとしてもバイク側がある程度の責任を負わされるのが今の日本の現状です。そう考えると、市街地などはとにかく気をつけて走るしか自分の身を守る方法は無いのです。

交通量の少なくなる郊外では、道路を占有できるように快適な走りを楽しむことができるでしょう。日常から離れた景色や空気を楽しみ幸せな気分。しかしここでも油断は禁物です。峠道では路面状況が一定に保たれているとは限りませんし、センターラインオーバーで迫って来る車もあります。またコーナーを曲がり切れずにコースアウトや転倒してしまう可能性もあります。

失敗する車両の存在を予期したラインを走り、コーナーの手前での減速を徹底しましょう。コーナーは軽い加速状態で旋回するセオリーの厳守に努めるべきです。何事にも無理しなければ、危険性は遠のくと心得ましょう。

発進時は
後方から来る車両のスピードを確認

教習所内は低速車しか走っていませんが、実際の道路では50〜60キロ、場合によってはそれ以上の速度で車両が走って来ます。

発進の用意ができたら、右のウインカーを出し、右のミラーで後方から走ってくる車両の有無を確認します

ミラーだけではなく、必ず一度目視で確認するようにしましょう。ミラーだと、車両の位置が実際よりも遠くに見えることがあります

できれば交通の流れの切れ目で発進しましょう。他車にブレーキをかけさせるようなタイミングでの発進は、事故やトラブルの原因になります

発進したら、スムーズに加速して流れに乗りましょう。もたもたしていると、後方から来る車両にブレーキをかけさせることになります

車線内の走る位置は
状況に合わせて選ぼう

教習所では車線の左寄りを走行する「キープレフト」が基本と習いますが、それは常に左側を走れという意味ではありません。

通常の走行では、車線の左寄りを走ります。これは右車線を走行する車両や、対向車との距離を保つためです。ただし、左に寄り過ぎると側溝や段差でタイヤをとられたり、他の車両が無理に追い抜いてくるようなこともあるので、注意が必要です

自転車は本来車道を走るもので、近年は自転車ナビマークや専用レーンなどの整備が進みました。その結果車道を走る自転車が増えましたが、交通ルールを守らずに無茶な運転をする自転車もいます。センター寄りを走行することで、自転車との接触事故を予防できます

前方にバスなどの停車する可能性がある車両が走行している場合は、その車両が停車した際にスムーズに追い越して行けるように車線の右寄りを走行するのもありです。左寄りを走っていると、追い越すタイミングが遅れ、後続車と絡んでしまう可能性があります

複数の車線がある場合は判断を素早く

車線によって進路が制限されてしまう場合があります。標識を確認したら、進行方向に合わせた車線に移動しましょう。

写真には5つの車線があり、第二車線を走行していますが、右折するのであれば少なくとも第四（右から二番目）車線まで車線変更をしなければなりません。二車線を車線変更するのには意外と距離が必要なので、交差点までの距離を考慮して、できるだけ手前から車線変更するようにしましょう

矢印式信号に注意

一定の方向への進行だけが許可される矢印式信号は、赤信号と勘違いしやすいので注意が必要です。

写真の道路は二又になっており、右側の矢印式信号が青になっています。この場合右側には進行できますが、赤信号と勘違いして止まってしまう車両もいます。自分が確実に信号を確認するのはもちろん、前走車が勘違いしてブレーキをかける可能性もあるので、注意が必要です

左折の時は
歩行者や自転車に注意する

左折の際は歩行者や自転車と絡む事故にならないように確認し、歩行者がいる場合は必ず先に行かせましょう。

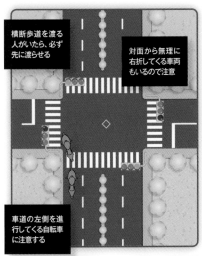

横断歩道を渡る人がいたら、必ず先に渡せる

対面から無理に右折してくる車両もいるので注意

車道の左側を進行してくる自転車に注意する

左のウインカーを出したら、左側から自転車やバイクが来ていないことを確認しつつ、車線のできるだけ左に車体を寄せていきます

横断歩道を渡る人や自転車を目視で確認しましょう。自転車は速度が速いので、特に注意が必要です

歩行者や自転車がいる場合は、横断歩道の前で一時停止して待ちます。横断の邪魔をすると「歩行者妨害」という違反になります

信号が無い場合の
大きな道への左折はタイミングが重要

細い道路から大きな道路へ左折して合流する場合、信号が無いこともあります。大きな道路は車の流れが速いので、注意が必要です。

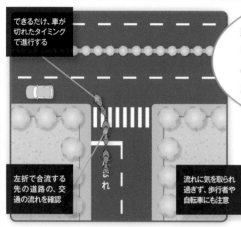

できるだけ、車が切れたタイミングで進行する

左折で合流する先の道路の、交通の流れを確認

流れに気を取られ過ぎず、歩行者や自転車にも注意

幹線道路などの大きな道へ、信号の無い脇道からの左折は難しいことがあるので、信号のある交差点に迂回するのもありだよ!

停止線で一時停止し、見通しを確保するため、右側から走ってくる車両が確認できる位置まで注意しながら移動します

横断歩道を渡る人の進路を塞がないように、できるだけ横断歩道の手前で止まるようにしましょう。ただし、走ってくる車両が確認できない場合は、歩行者がいないことを確認しつつ横断歩道上まで進行します

本来歩道上は自転車は徐行するべきなのですが、歩道をすごいスピードで走ってくる自転車もいます。自転車が来ているようなら、距離があると思っても先に行かせるようにしましょう

歩行者、自転車、大きな道を走ってくる車両が無いことを確認したら、ゆっくり左折して合流します。第二車線より先にいきたい場合は、一度第一車線を走行してから、車線変更するようにしましょう

右折は対向車と歩行者に注意する

右折は確認する要素が多く、苦手だという方も多いはず。あせらずに、落ち着いて交通状況を判断をして曲がりましょう。

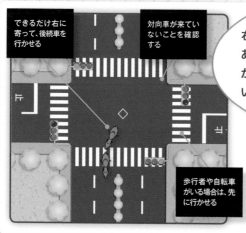

できるだけ右に寄って、後続車を行かせる

対向車が来ていないことを確認する

歩行者や自転車がいる場合は、先に行かせる

右折は様々なタイミングを計る必要があり、慣れないうちは怖いポイント。だからと言って避けて通ることはできないので、ポイントを押さえていこう!

一車線しかない道路を右折する場合、できるだけ車体を右側に寄せて、後続の車両が通れるスペースを作り出すように心がけましょう

対向車を確認できる場合、無理に曲がろうとしてはいけません。対向車の速度が極端に速い可能性もありますし、バイクは相手からは小さく見えます。また、対向車の死角に入った後続車にも注意しましょう

対向車が通過しても、そのまま右折できるとは限りません。曲がった先には横断歩道があるので、歩行者がいなくなってから進行する必要があります

歩行者が完全に進路を通過したら、左右を確認しつつ進行します。自転車などが突っ込んでくることもあるので、安全に制動できる速度で進行しましょう

右折レーンと右折矢印式信号があっても、油断しないで!

右折レーンと右折矢印式信号は、安全に右折するためのものです。しかし、信号を無視する人もいるので、確認は怠れません。

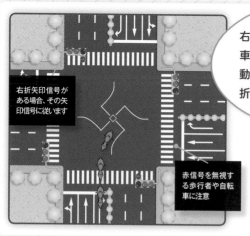

右折矢印信号が
ある場合、その矢
印信号に従います

赤信号を無視す
る歩行者や自転
車に注意

右折矢印式信号のみが青の場合、同じ車線の右折車と対向車線の右折車しか動いていないはずです。でも、漫然と右折していると、思わぬ危険も・・・。

右折レーンに入る場合は、必ず右ウインカーを出し、右後方を確認しましょう。そうしないと先に右折レーンに入ろうとする後続車と、接触事故になることもあります

この交差点は青信号でも右折できますが、対向車の確認や曲がった
先の歩行者の確認を確実にする必要があります。タイミングにもより
ますが、右折矢印信号を待った方が安全に右折できます

対向車線に右折車がいると、後方からく
る対向車は確認しにくくなります。対向車
の後方を確認できなければ、右折矢印信
号が青になるのを待ちましょう

右折矢印信号が青になっても、絶対に
安全という訳ではありません。無理に交
差点に突っ込んでくる対向車がいない
か、曲がった先の横断歩道を信号無視
して渡ってくる歩行者や自転車がいない
かなどを確認してから右折しましょう

矢印式信号が
青になる前に右折する時

矢印信号が青になる前に右折する場合は、矢印式信号が無い交差点を右折するのと同じです。対向車と歩行者に注意しましょう。

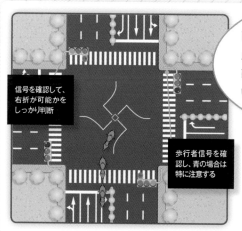

信号を確認して、右折が可能かをしっかり判断

歩行者信号を確認し、青の場合は特に注意する

直進方向の信号が青なら、矢印信号が点いていなくても右折はできるよ。でも、直進や左折の矢印信号しか点いていない場合は、右折しちゃダメ!

右折レーンに入り、進行方向の信号が青なので、交差点内の停止線まで進みます

右折の矢印信号は点いていませんが、直進してくる対向車がいない
状態です。しかし、歩行者信号は青で、歩道を走行してくる自転車が
確認できます

自転車が渡り終わるのを待ちます。進行
して横断歩道の手前で止まって待つの
は、対向の直進車が来てしまった時に進
行を妨げてしまうのでNGです

横断歩道の両側に歩行者や自転車がい
ないことと、対向の直進車が来ていない
ことが確認できたら右折します

停止車両の横を
通過する時のポイント

路上に駐停車中の車両がある場合、急にドアが開いた場合でも回避できる距離を保って通過するようにしましょう。

前方に停まっている車両を発見しました。この場合、中央線（センターライン）までには余裕があるので、対向車線にはみ出すことなく通過することができます。対向車線にはみ出さなければならない場合は、対向車に注意する必要があり、対向車が来た場合は止まって待ちます

停まっている車両のドアが突然開くことも考えられます。スピードを落とし、停まっている車両との間に充分な距離を保って通過しましょう

停まっている車両が突然動き出すこともあります。車線内で走行する
位置を戻す場合には、停まっている車両が動いていないことを確認
してから戻るようにしましょう

自転車の追い抜き

自転車は基本的に車道を走るものですが、バイクよりも遅いことがほとんど
です。その場合は追い抜くことになりますが、充分な距離を空ける必要があり
ます。フラフラと右に寄ってくる自転車もいるので、注意しましょう

ゴミ収集車などは、
低速で移動したり停まったりを繰り返す

ゴミ収集車など低速で走行したり停まったりを繰り返す作業車を確認したら、早めに追い越す準備をしましょう。

前方にゴミ収集車を発見しました。バイクであれば車線変更しなくてもギリギリ追い抜けるかもしれませんが、急に動き出したり停まったりする可能性があります。複数の車線がある道路であれば、早めに車線変更をしておきましょう

ゴミ収集車の場合は車両の右側に人が出てくることはまずありませんが、配達のトラックなどは右側に人が出てくることがあります。車線変更をした上で、さらに充分な距離を保って追い越しましょう

ゴミ収集車のことを「邪魔だなぁ」と思うかもしれませんが、生活に欠かせないお仕事をしているのですから、「ありがとう」と思うくらいの心の余裕をもとうね!

ゴミ収集車は低速で走行していることが多いので、元の車線に戻る場合は、確実に追い越してからにします。追い越した車両が急に速度を上げることもあるので、ミラーと目視で確認しましょう

追い越した車両と充分な距離を取ったら、元の車線へと車線変更します。後続車が先に車線変更している場合もあるので、ミラーと目視での確認を怠らないようにしましょう

前方に左折車を確認したら、車線変更でスムーズにクリアしよう

2車線以上ある道路で左折車を確認したら、車線変更した方がスムーズに通過できます。ただし、**右側の車線を走る車両に注意**。

前方に左折車を確認したら、右ミラーで右車線を走ってくる車両を確認します。距離はもちろん、迫って来るスピードも考慮して、安全だと判断したら車線変更を行ないます

交差点の手前が黄色の実線になっています。つまり、この先では車線をまたいでの追い越しや車線変更はできません。必ずその手前で車線変更を済ませておきましょう

車線変更が難しいタイミングの場合は、そのまま後ろに付いて左折が終わるのを待とう。無理な車線変更は、他の車両の迷惑になるのでやめようね。

車線を変更せずに左折車を追い抜く場合、黄色い線を踏むと違反になります。そうしたリスクを避けるためにも、車線を変更して追い越すことを推奨します

信号がある交差点ではまずありませんが、信号の無い小道に前走車が左折した場合、その小道から車両が出てくる場合があります。左折車の死角になっていることもあるので、注意しておきましょう

車列の間に割り込んで合流する場合は できるだけ自然に

工事などの車線規制で、渋滞気味の車列に割り込まなければならない場合、周囲の車両とのコミュニケーションが重要です。

車線規制などで割り込み合流するのは仕方ないことです。基本は1台ずつ交互に合流していくのがセオリーですが、中には入れさせまいと車間を詰めてくる車両もいます。そうした車両の前には無理に入らず、次の車との間に入りましょう。ウインカーを早めに出しておくのもポイントです

バスを追い抜く時は、
バスの発進を邪魔しないこと

バスの後ろはなるべくなら走りたくありませんが、公共交通である
バスの運行を阻害するような無理な追い抜きはやめましょう。

バスを追い抜くタイミングは、バス停でバスが停車した時でしょう。バス
のウインカーや乗降中表示灯をしっかり確認して、バスが確実に停車し
ているタイミングで追い抜きましょう。右ウインカーが点いたら、バスの
発進が優先。後続し、次の停車のタイミングで追い抜くようにしましょう

左折車を追い抜く時は
右後方にも注意しよう

前走の左折車を避ける場合、車線の右側に寄ることになりますが、その際右後方から車両が来ることも忘れてはいけません。

左折車ばかりに気を取られないこと

同一車線の左折車に進路を塞がれた場合、無理に進行せずに進路が空くまで減速か停止して待ちましょう。車線内で追い抜けるスペースが確認できたら進行しますが、その際に隣車線の後方から走ってくる車両に注意しないと、接触事故を起こす可能性があります

急な坂道では
前の車との車間にも注意

アンダーパスの先に信号がある場合など、少し急な坂道の途中で停止した際は、前走車が下がってくる可能性があります。

停止位置に注意する

四輪車はオートマチック車がほとんどですが、まだマニュアル車も走っています。マニュアル車は発進に失敗すると後ろに下がってくることがあるので、そのことを考慮した車間距離を取っておくべきです。特に写真のような後方視界の悪いトラックなどには、存在が確認されていないこともあるので注意しておきましょう

自分も下がらないように発進する

バイクの坂道発進は教習所でも練習しますが、使う機会が少ないと感覚が鈍ってしまったり、そもそも坂道発進が苦手という人もいるはずです。バイクを手に入れたら、クラッチのつながるタイミングと、スロットルの開け具合をしっかりとコントロールして、後ろに下がらず発進できるように練習をしておきましょう

工事などの車線規制は、
スムーズに車線変更をしてクリア

工事現場の横などは徐行が基本です。また、車線変更を伴う場合は、周囲の車両とのコミュニケーションが重要になります。

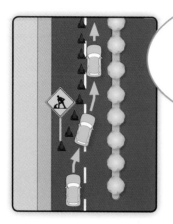

前方で工事などが行なわれていたり、停止車両がいる場合に、車線を変えてクリアするときのポイントを見ていくよ!

周りの車両とのコミュニケーションが大切

車線を変更するために、まずウインカーを出します。右後方から来る車両が確認できる早めのタイミングで出すことが重要です

右後方から来る車両の位置や速度をミラーと目視で確認し、お互いに無理のないタイミングで車線を変更します

停止車両の先は、工事で車線規制されています。車線の中央あたりを走行して、規制のコーンとの距離をしっかり取りましょう

ここでは歩道が規制されているため、コーンの内側を歩行者が歩いています。しっかりと速度を落として、徐行する必要があります

工事での車線規制が終わる前に、元の（第一）車線に戻るのか、このまま進行するのかを決めておきます

元の車線に戻るのであれば早めにウインカーを出し、後ろを走っている車両の動き（後続車が先に車線変更している可能性もあります）を確認しながら、規制が終わったら車線変更をします

アンダーパスは
速度に注意

幹線道路などに時々あるアンダーパスは、下りの速度超過や、登りの速度低下に注意する必要があります。

メーターで速度を確認して、コントロールする

アンダーパスを通過する場合、スロットルを一定にしていると下りでは速度が上がり、登りでは速度が低下するので、メーターで速度を確認するようにしましょう。また、全般的に速度超過しやすい場所なので、速度違反の取締り（ねずみ取り）が行なわれている可能性も高いポイントです

踏切では一時停止し、線路で滑らないように注意

通常の踏切を通過する場合は、必ず一時停止をして左右を確認します。また、線路は滑るので、雨の時などは特に注意しましょう。

安全に踏切を抜けるポイント

信号の無い踏切では遮断機が上がっていても、必ず一時停止をする必要があります。また、ただ一時停止するのではなく、線路を越えた先に自分が入るスペースがあることと、電車が来ていないことを確認してから踏切内に侵入しましょう

踏切はできるだけ早く通過したほうが良いのですが、線路の表面はツルツルなので濡れていたりすると滑ることもあります。スロットルの開け方に注意しつつ、スムーズに通過しましょう。また、エンストにも注意し、万が一エンストや転倒した場合は、速やかに脱出して非常ボタンを押しましょう

右側からの合流は、
加速とタイミングがポイント！

右側から合流するポイントは少ないため、とまどう方も多いと思います。合流する道路の流れに合わせて加速しましょう。

左後方から来る車両の速度を把握する

左ミラーと、できれば目視で左後方から来る車両を確認します。ウインカーを出したら合流レーン内でしっかりと加速し、できるだけ左後方から来る車両に速度を合わせます。左後方から来る車両の速度が異常に速い場合などは無理をせず、合流できるタイミングを見計らいましょう

走って楽しい峠道は、
注意しないと危険がいっぱい

**峠道は信号も少なく、コーナリングなどバイクを楽しめる要素が
詰まった道です。ただ、危険も多いので、注意して走行しましょう。**

　いわゆる峠道は、バイクという乗り物を楽しむのに最適な道と言っても良いでしょう。しかし、一時期「ローリング族」や「峠族」などと呼ばれる危険な走行をするライダーが増え、事故が多発しました。そのためバイクだけが通行禁止になったり、道に減速帯などが設置されました。

　現在はそうしたライダーも減りましたが、ついついスピードを出してしまったり、コーナーを攻めてしまうというライダーが多い道であることは否定できません。そんな峠道を安全に楽しく走るために、押さえておきたいいくつかのポイントを紹介していきましょう。

対向車のはみ出しに注意

対向車が速度オーバーでコーナーを曲がりきれず、中央線をはみ出すことが原因の衝突事故は少なくありません。自分がはみ出さないのはもちろん、コーナーの手前ではしっかりと減速して、万が一対向車がはみ出してきても避けられる余裕を持ちましょう

路面の荒れに注意

交通量の少ない峠道は、路面が荒れていることがあります。路面の荒れはバイクの操安性に影響を及ぼし、転倒につながることもあるので、できるだけ整った路面を選んで走行しましょう

落ち葉などに注意

道路の端に溜まった落ち葉や砂は、タイヤが滑る原因です。落ち葉などが溜まっている場所はできるだけ避けて走り、どうしても上に乗る場合はスロットルを丁寧に操作するようにし、コーナーの場合はあまりバイクを寝かさないよう、事前に減速してクリアするようにしましょう

施設などの出入り口に注意

道の途中に施設の出入り口がある場合は、車両や人が飛び出してくる可能性を考え、即座にブレーキをかけられる準備をしましょう

センターラインが無い場合

センターラインが無かったり、消えてしまっているような道もあります。この場合は落ち葉などに注意しつつ、できるだけ左を走ります

安全のための心構えと走行の基本
高速道路

教習のない高速道路は、未知の領域です

バイクに乗り慣れていない人は、「高速」という言葉から感じられるイメージに圧倒されて緊張し過ぎてしまうことがあります。バイクの教習には高速教習が無いことも、その理由のひとつだと思います。それゆえに市街地の倍のスピードで走る未知の世界に、怖じけづいてしまうかもしれません。

しかし冷静に考えてください。そもそも高速で走れるわけは、それなりに安全性が高いからこそです。むしろ誰でも楽に走れる快適な道路だと心得れば、慣れが解決してくれます。ただし、基本80〜100km/hの速度で走行しなければならず、高速道路に乗ってはみたものの、危険とか怖いと感じるのであればすぐ先の出口から降りるようにしましょう。無理に速度を出したり、周りとの速度差が大きすぎるのは危険です。

注意したいのは、いつも以上に意識して遠く前方（同様に後方も）を見ることです。前走車の動きはもちろん、さらにその先や遥か遠方の状況を把握することで、例えば減速などの対応（準備）を早い時点で行なうことができ、ゆっくりと落ち着いて対処できるからです。

高速だと急減速や急な車線変更をしにくく、穏やかで流れを乱さないスムーズな走り方が理想的です。後続車に迷惑をかけたり、事故を誘発（危険を呼ぶ）する急な動きは禁物です。

高速本線車道への出入りは、流れる速度にシンクロさせることと、車間の広い場所を見極めてのアプローチが重要。高速道路から出る時は、減速車線に入ってからブレーキングを開始するのが基本です。

また前方から襲われる風圧に抵抗して、ハンドルにしがみついてしまうケースが見られますが、両腕でハンドルを引っぱると、走行安定性が阻害されてしまいます。あくまでも下半身でバイクをホールドするのが基本。ニーグリップやステップへの踏ん張りをベースに下半身で人車一体感を高め、上体ののけ反りを防ぐには腹筋を使い、少し前傾ぎみで構える。ハンドルのグリップは手を添える程度に握るのが良いでしょう。

その他、給油タイミングを正しく見極めることも見逃せません。ガス欠の可能性が心配される時は、次のサービスエリア（およそ50km毎にある）を目指すよりも、安全と安心を重視して一旦、インターチェンジを降りて給油するよう、慎重かつ確実な判断を大切にしましょう。

高速道路に
スムーズに入るポイント

**高速道路などの自動車専用道路には、専用の入り口から入ります。
ETCの場合は必ず、ランプがグリーンであることを確認しましょう。**

確実に目的地方面の入り口へ

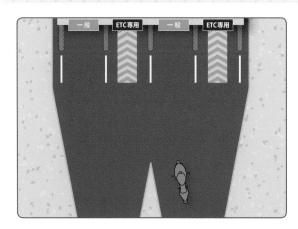

高速道路に入る際は、向かう方向にできるだけ近いゲートから入るようにしましょう。ETC付きの車両であればそのままETCゲートを通過し、付いていない場合は一般ゲートで、チケットを受け取ります

高速道路の入り口看板に従って、入り口の方に進みます。ここは左車線からですが、右車線から入る場合もあるので注意しましょう

入り口付近には横断歩道があることも多いので、通常の交差点と同様に歩行者がいる場合は停まって、その横断を待ちます

行き先方向の標識を確認して、自分がどちら側に進むのかを確認します。ゲートの構造によっては交差する車両がいるので、注意しましょう

ETCと一般のゲートが分かれているので、自分が利用するゲートに進みます。ETCの場合、ランプの確認を忘れないようにし、20km/h以下まで減速してゲートに入りましょう

ゲートを出たら再度標識を確認し、目的地方向へと向かいます。万が一間違えてしまった場合は、絶対に逆走してはいけません。あわてずに、次の出口で一般レーンを利用し、間違えた旨を料金所スタッフに伝えれば、目的の出口まで戻れるよう案内をしてもらえます

本線への合流は
スムーズな加速がポイント

ゲートを通過したら、いよいよ本線に合流します。高速道路の場合本線は80km/h以上で流れているので、加速が重要です。

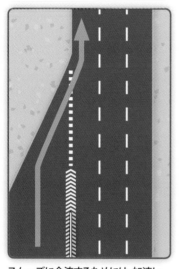

スムーズに合流するためには、加速レーンをいっぱいまで使うのがポイント。道路や流れに応じた速度まで加速します

加速レーンは充分な距離が取られているので、80km/h（制限）までしっかり加速します

レーンをいっぱいまで使って加速し、ミラーと目視で右後方を確認します

右後方から来る車両と充分な距離が保てる位置を見計らい、合流します

走行する車線は
必要に応じて変える

高速道路の車線は、それぞれに役割を持っています。適切な車線を選んで走行することで、スムーズな交通の流れが作られます。

追越車線は追い越す時だけ

一番右側の車線は、基本的に追い越しをする時だけに走行します。いつまでも走り続けると、「通行帯違反」として取締り対象になります

基本的には走行車線を走ろう

通常は一番右側以外の走行車線を走ります。一番左側はゆずり車線や登坂車線として、低速車用の車線になっていることもあります

左から合流する低速車に注意

ゆずり車線や登坂車線が終わる場所では、低速車が左側から合流してきます。速度に注意し、必要なら追越車線を使って追い越しましょう

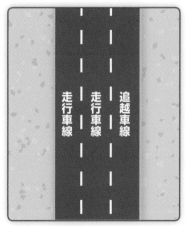

一番右が追越車線になっていて、残りが走行車線というのが高速道路の基本です

73

追い越しをする時は
タイミングと車間距離に注意する

前方に速度の遅い車両が走行している場合、追いついてしまう前に車線変更して追い越してしまうようにしましょう。

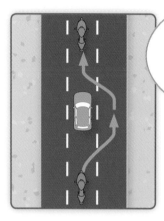

追い越しをする時は、必ず右側の車線から。左車線に車線変更しての追い越しは、「追い越し違反」として取締りの対象になるよ。

前方に低速車がいる場合は、右の追越車線に車線変更をして、追い越します

基本的な追い越し

前方に速度の低いトラックを確認しました。車間距離が詰まり過ぎる前に、車線変更をして追い越したいところです

車線の右に寄り、右側のミラーを確認して、追い越し車線の後方から迫ってくる車両が無いことを確認します

後方から迫ってくる車両が無いことを確認したら、右ウインカーを出して車線変更します

車線変更を完了したら、速度の超過に注意しながら流れに乗ってトラックを追い越します

大型車を追い越す場合は、風圧の影響を受けないように間隔を広く取って追い越します

追い越したらすぐに車線変更せず、トラックと充分な車間距離を取ります

トラックと充分な車間距離が取れたら、ウインカーを出して車線変更します

走行車線に戻ったら速度を確認し、定速走行に移りましょう

PAやSAに入る際は
しっかり減速しよう

PAやSA内は徐行する必要がありますが、急な減速は追突などの危険性があります。減速レーン内で、徐々にスピードを落とします。

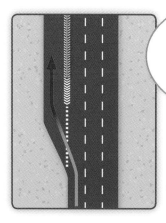

高速道路で停まることができるのは、基本的にPA（パーキングエリア）とSA（サービスエリア）です。給油や休憩は早めにするのがGood!

PAやSAに入る場合は、減速レーンでしっかり速度を落とすこと

基本的な入り方

標識に、談合坂SAと、初狩PAまでの距離が出ています。給油やきちんとした食事をするならSA、休むだけならPAでもOKです

談合坂SAまで1kmの標識を確認しました。入るのであれば、一番左の車線への車線変更を始めましょう

3 SAへの減速レーンが始まります。左ウインカーを出して減速レーンへと入り、減速します

4 急ブレーキにならないように、エンジンブレーキとブレーキを使って減速していきます

5 前走車との距離が詰まりすぎないように注意し、SA内に入る前に速度をしっかり落とします

危険な減速レーンへの進入

1

3

2

4

急に気が変わったからといって、減速レーンに途中から進入するのは危険です。速度も急に落とすことになるので、後続車の迷惑になることもありますし、追突される危険性もあります。よほどの緊急時以外は、SAやPAへのこうした進入はやめましょう

PAやSAは
ルールを守ってスマートに使おう

混雑したPAやSAの中を走行する場合、車の間から人が出てきたりします。注意して進行し、バイク用の駐車スペースに停めましょう。

車の間から人が出てきたり、急に車が動き出すこともあるので、エリア内は徐行しましょう

バイクには基本的に専用の駐車スペースが設けられているので、標識や表示に従って決められた場所に停めます

バイク用の駐車スペースに停める場合は、他のバイクの邪魔にならないように、きちんと枠内に停めましょう

バイク用の駐車スペースは様々なタイプがあります。これは雨天時などにはありがたい、屋根があるタイプです

四輪車用の駐車スペースにはできるだけ停めない

バイク用の駐車スペースは少ないこともあり、どうしても四輪用のスペースに停めざるをえないこともあります。ただし、気付かずに入ってきた車にぶつけられたりトラブルになる事例もあるので、できるだけ避けましょう

PAやSAから出る時は
しっかり加速しよう

PAやSAから出る時は、本線の流れに乗れる速度まで加速しなければなりません。加速レーンを使い、80km/h程度まで加速します。

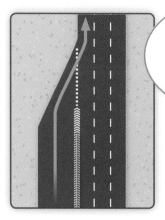

PAやSAから出て本線に合流するのは、高速に入る時と同じ要領。加速レーンをいっぱいまで使って、しっかり加速しよう!

PAやSAの出口には、加速レーンが設けられています。流れに乗れるスピードまで、しっかり加速します

しっかりと速度を上げて合流する

1

PAやSAの出口に向かいます。異なる方向から出口に向かう車両もいるので、よく確認しながら加速レーンへと進入します

2

加速レーンに入ったら、前方車両との車間も気にしつつ、例えば80km/hを目指して加速します。右ウインカーは早めに出しておきます

③ 加速レーンを使って加速しつつ、右後方をミラーと目視で確認。合わせてスピードメーターも確認します

④

加速レーンをいっぱいまで使って加速し、後方から来る車両との距離を確認しつつ本線に合流します

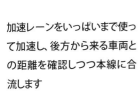

危険な本線への合流

1

2

3

4

加速レーンはいっぱいまで使うことで、自然に合流することができるようになっています。加速レーンの途中で本線に合流すると、速度が足りずに交通の流れを阻害したり、後方から来る車両に恐怖感を与えることがあるので危険です

本線料金所は
しっかり減速して通過する

高速道路会社の管轄が変わる場所などに設置されている本線料金所は、速度を20km/h以下まで落として通過します。

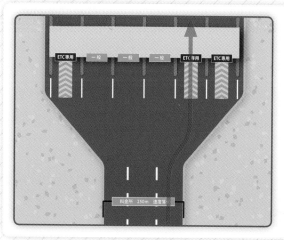

ETCを利用する車両であれば、右寄りのゲートを選んで進行します。通行券の授受や料金の支払いが必要な車両は、左寄りにある一般レーンを選んで進行します

本線料金所の標識を確認したら、速度に注意しながら進行し、自分の通過したいゲートに上手く入れるように周囲の車両との位置関係を確認します

ETCゲートに入る際は、ETCのランプがグリーンであることを確認。前走車とはしっかり車間距離を保ちながら通過します

表示される料金などを確認しながらゲートを通過したら、通常の走行速度に戻すために加速を開始します

バイクは四輪車よりも加速が良いので、前走車に追いつきそうな場合は追い越します。右後方を確認しつつ、車線変更をします

追越車線に入ったら、前走車との車間距離を取りつつ加速し、遅い車両が走行車線にいないことを確認したら、速やかに走行車線に車線変更します

分岐がある場合は
早めに車線変更しておく

高速道路が分岐する場合、数キロ手前から標識が出始めます。
自分がどちらの方向に行くのかをしっかり確認しましょう。

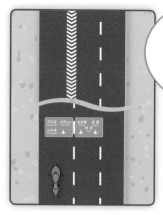

車線を走っていれば自然に分岐する場合と、新しい車線が出てくる場合があるよ。新しい車線が出てきた場合でも慌てずに、周囲を確認して車線変更しよう。

分岐の標識はかなり早い段階で出てくるので、分岐のギリギリ手前で車線変更しないようにしよう

1

ここでは河口湖方面に向かい左側に分岐します。「この先2km」という、分岐点（ジャンクション）までの距離を表す標識を確認したら、一番左側の車線に移っておくようにしましょう

この分岐は一番左側の車線が、そのまま分岐していくタイプなので、そのまま左側の車線を進行します

分岐が近くなってきた時に注意したいのは、右側からの急な割り込みです。無理に車間に入ってくる車両もいるので、注意が必要です

分岐した先はカーブになっていることが多いので、速度に注意しましょう。また、前走車がカーブに驚いてブレーキを強くかけることも考えられるので、車間距離にも気をつけておきます

左右にルートが分かれ、再度合流する場合もある

右ルートと左ルートに分かれても、行き先が変わらない場合もあります。ここでは無理に車線変更する必要はありません。

この標識を見ると、右ルートと左ルートは最終的に合流するので行き先は変わりません。どちらを選んでも問題ありませんが、追越車線が右側にある関係で右ルートの方が速度が速い傾向にあります

それぞれのルート別に規制情報などが出ている場合は、その情報もルート選択のポイントにしましょう。工事で車線が規制されていたりすると、渋滞している可能性もあります

トンネルは
明暗の差に注意が必要

トンネルの進入時と退出時、急な明暗差で視界が奪われることがあります。その場合は慌てず速度を保ち、目が慣れるのを待ちましょう。

トンネルに入る際は、前走車としっかり車間距離を取りましょう。トンネルに入った際に明暗差で視界が奪われたり、ライトを点けない車両もいるので注意が必要です。また、壁の圧迫感により道幅を実際より狭く感じ、無意識に減速したりブレーキをかけると、後続車に追突される可能性があります

暗いトンネル内では速度感覚を失いやすく、漫然と前走車を追従していると知らぬ間に速度が超過したり、前走車と自車が止まっているような錯覚に陥ったりする可能性があります。また、トンネルの退出時にも明暗差で視界が奪われるため、進入時と同様な注意が必要です

左からの合流車は
早めの車線変更で避ける

分岐があった後は、ほぼ必ず左からの合流があります。混んでいなければ、右側に車線変更して、スムーズな合流に協力しましょう。

左側からの合流がある場合、一番左側の車線をあけておくと合流してくる車両と接近するなどの危険がありません。無理がなければ、分岐のあった後などは、右側の車線を走るようにすると良いでしょう

自分が分岐先へ進行しない場合、分岐の標識を確認したら右側の車線への車線変更することを考えましょう。分岐の標識の他、「この先合流」等の標識がある場合も同様です

右後方から来る車両の有無や距離を確認し、車線変更していきます。合流側のレーンが先で無くなるので、できるだけ早く車線変更しましょう

合流レーンの先では車両の数が増え、先が詰まるために急に車線変更するような車両もいます。注意して車線変更しましょう

左側の車線があいていると、合流がしやすいので渋滞や事故などの確率を減らすことができます。こうした気遣いとも言える行動が、安全につながることもあります

工事などの車線規制は、
安全に通過するのが最も重要

車線規制がある場合は、その手前で速やかに車線変更します。
規制区間では走行スピードに注意しましょう。

1 路肩に矢印板が確認できます。これはこの先で車線が規制されているので、右側に車線変更しろという意味です。早めに車線変更しておきましょう

2 工事車両が停まっているのが確認できます。工事区間の横を走行する際は、指定の速度（50km/hあたりが多い）まで速度を落としますが、急ブレーキなどは避け、主にエンジンブレーキを使用して速度をゆっくりと落としましょう

工事現場には作業をしている人がいます。コーンからできるだけ距離を取って、安全を確保して通過しましょう

コーンが切れて、車線規制が終わりました。右側は追い越し車線なので、走行車線に戻ります

左後方をミラーと目視で確認し、走行車線へと車線変更します。後続車が先に車線変更しようとする場合もあるので、注意しましょう

高速道路の出口では、スピードと進む方向に注意

高速道路を走り続けているとスピードに慣れて、速度感覚が麻痺します。出口ではスピードメーターを見て、速度を確認しましょう。

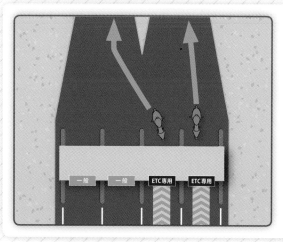

高速道路の出口ゲートは、通過した先が分岐になっていることが多いので、行き先方向に進めるように通るゲートの位置を考えましょう。ゲートの先は一般道路なので、速度の超過にも注意が必要です

高速道路出口の注意点

① 高速道路の出口は左側から出ることがほとんどですが、右から出る場合もあります。標識を確認して、適切な車線に移りましょう

② 出口の分岐で急ブレーキをかけないように、エンジンブレーキを併用して徐々に速度を落とします。スピードメーターの確認も忘れずに

ウインカーを出しながら、分岐する部分になるべく近い位置で出口のレーンに入ります

前走車が急ブレーキをかけることもあるので、車間距離をしっかり取りましょう

ゲートを出た後に進む方向を考慮して、通過するゲートを選んで進行します

ゲートに入る前にETCの作動ランプを確認し、20km/h以下に減速して通過します

ゲートを出たら標識を確認し、目的地方向に進行します。速度超過に注意しましょう

ETC専用の出口もあります

ETC専用の出口は、ETC搭載車しか出られません。非搭載車の場合は注意しましょう

標識をしっかり確認することは、安全な高速道路走行につながる

高速道路上には様々な標識や表示があります。全て有益な情報を伝えてくれているので、運転時の判断に上手く役立てましょう。

情報が多く、少し複雑な進む方面を表す標識です。この標識を理解することで、車線変更などを行なってスムーズに進行できます

出口までのおおよその所要時間を表示しています。数字が赤い場合は渋滞しているので、一般道へのルート変更なども考えましょう

渋滞とその通過時間を表示しています。自分が進む先の道路状況を早めに把握しておけば、その前に休憩するなどの判断ができます

これは車間距離確認のための標識です。最高速度が100km/hなら100m、80km/hなら80mのものが設置されています

このように数多くの標識がある場合、自分に必要な情報を瞬時に判断しなければなりません。焦らずに、冷静に必要な情報を得ましょう

進む先で渋滞が発生していることを示しています。急に渋滞が始まることもあるので、速度と車間距離に注意しておきましょう

バイクは四輪車と違って、身体がむき出しです。万が一動物とぶつかってしまうと、転倒して高速道路上に投げ出されるかもしれません！　細心の注意を払おう！

この標識がある場所は、実際に動物が飛び出してくる可能性が高い場所です。バイクで動物と衝突すると、命の危険があるので注意しましょう

バイクもオービスで検挙されることがあります

バイクは、オービス（自動速度違反取締機）で検挙されにくいのですが、バイクの特徴などから割り出して検挙された例もあります。標識を確認したら、速度超過に注意しましょう

高速バスのバス停は、出口に注意

高速バスは停留所で停車して、乗客を乗降させます。できればバスの後ろには付きたくないのですが、無理はしないように。

バス停から出てすぐの高速バスは速度が低いことが多いので、できれば後に続きたくありません。ただ、タイミングが被ってしまう場合に、無理に抜かそうとしたり、合流を妨げるような運転はやめましょう。後に続きたくない場合は、車線変更して追い越すのが良いでしょう

車線が無くなる場所では、早めに車線変更する

合流地点などでは、自分の走行している車線が無くなることもあります。できるだけ早く車線変更して、スムーズに通過しましょう。

車線が無くなる寸前の場所は、合流できなかった車両が溜まってしまうこともあります。先で車線が無くなることを標識などで確認したら、早めに車線変更するのがおすすめです

停止している車両に気を取られすぎないで

路肩に車両が停止している時に、どうして停まっているのか気になることもありますが、チラッと見る程度にしておきましょう。

事故やパトロールカーに捕まるなどして、路肩に停止している車は気になる存在です。しかし、あまり気にしすぎてしまうと、自分が停止車両に近づいていってしまうことがあります。実際にそれで停止車両に突っ込んでしまう事故も発生しているので、安全な距離を保って通過するようにしましょう

景色に見惚れすぎないようにしよう!

高速道路を走っていると、突然雄大な景色が現れて心を奪われることもあります。楽しむのは一瞬にして、運転に集中しましょう。

高速道路からしか見られない景色というものもあり、それはツーリングの楽しみのひとつでもあります。しかし、あまり見惚れてしまうと、前走車に追突したりする危険性があります。また、周りの車両が景色に気を取られて速度を落とすこともありますから、気を抜くことなく運転に集中してください

[第3章]

バイクについて
知っておきたいこと

バイクの基本知識を身につけておこう

　様々な憧れや夢をのせて走るバイク。楽しみ方は人それぞれに自由であって良いと思います。どのようなバイクに乗ろうかと、アチコチで集めたカタログや専門情報をもとに悩み、各種店舗を梯子しながら物色するのもまた愉しいものです。

　しかし別の章でも記しましたが、初めてのバイク購入なら、大きな夢の実現は少し待って欲しいと思います。なぜならば、バイクという乗り物にまずは慣れ親しんでいくことが大切だからです。

　大型免許が教習所で取得できるようになってから、最初からハイパワーな大型バイクを購入するという方が増えました。バイクショップもお客が欲しいと言えば何でも売ってくれるようになり、これは重大なバイク事故のひとつの原因になっていると言えます。本書としては、最初のワンステップは軽量級のバイクから乗り始めることをおすすめします。少し欲張ったとしてもせいぜい250ccクラスどまりで選択するのが無難です。無理をして最初から大きなバイクを欲張るよりも、控えめなワンステップを踏むことで自分がバイクに求めること、バイクのある生活のイメージがより鮮明に描けるようになります。そして何よりも安全に乗り続ける

ための基礎を学び、正しい操縦技術と安全運転のセンスが養えるからです。いきなりの大型バイクでは自分の技術を磨き上げる領域まで届かず、おっかなびっくりな走りに終始してしまい、バイクを操る楽しさすら身につきません。本書中に重ねて同様な内容が綴られているということは、安全で楽しいバイクライフを送るためにとても大切な要素がそこに込められていると理解してください。

　またバイク選びや扱い方、公道走行での注意などについては、できれば先輩や専門店のアドバイスを参考にしたいところ。バイクは購入後も整備や修理等、何かと手入れが必要なのです。また、ある程度はバイクのメカニズムや日常点検の重要性についても学ぶ姿勢が重要。少なくとも無頓着でいるのは危険なことであり、自分で整備しない、できないのであれば他の人やショップを頼るしかありません。

　その意味でも、住まいの近所で行きつけの親しいショップや、良き相談相手（仲間）を見つけておくことがとても大切です。バイク購入後の良きアドバイザーになってくれる気さくな店員さんとの巡り逢いも、その先のバイクライフに大きな関わりを持つことになるでしょう。

充実したバイクライフを送るために、バイク選びは慎重に

好きなバイクに乗るために免許を取ったという人も多いと思いますが、バイク選びはそれだけでは充分ではありません。

　大型免許を教習所で取れるようになってから、いきなり大型バイクを買うという人が増えました。しかし、心からの希望を込めて書くと、125ccぐらいまでの軽量級モデルから入門して欲しいと思っています。できることならオフロード系がお薦めです。憧れのバイクを購入する前段階として、先ずは乗り慣れて親しむことを優先しましょう。自分のニーズを的確に把握できるようにもなれるはずです。スキーやスノーボードだって広い緩斜面で慣れていくのが一般的なので、バイクも同じで徐々に経験を積み重ねることで大きなリスクが避けられ、同時に賢い選択眼も養われるのです。

国産車と外国車

　バイクには国産車と外国車があります。昔は外国車はトラブルが多く、扱いにくいと言われていましたが、現在はきちんとメンテナンスをしていれば国産車とそれほど違わないと言えるでしょう。また、安全装備に対する考え方は、外国車の方が進んでいる部分もあります。ただし、部品が高価だったり、入手に時間がかかることがあります。

国産車は昔から信頼性が高く、扱いやすい車種が多いと言えます。国内仕様は馬力の規制が無くなりました。

外国車は昔に比べて信頼性が高くなり、維持しやすくなりました。速度リミッターはありませんが、日本の公道で120km/h以上出せる場所はありません

バイクのタイプについて

バイクはデザインだけで選んでしまうと、自分が思っていた乗り方や使い方に合わないことがあります。バイクを買う前に、おおまかで良いのでタイプを把握し、そのタイプのバイクがどのような乗り方に適しているかを知っておきましょう。楽しいバイクライフのために、買ってから「やっぱりこれじゃなかった」と思うのだけは、絶対に避けたいものです。

スーパースポーツ
レーサーのベースとしても使われる、高性能なタイプです。どちらかと言うと上級者向けです

ネイキッド
カウルのないスポーツバイクです。バイクの基本形とも言え、乗りやすいモデルが多いと言えます

クラシックスタイル
昔のバイクのデザインを採用したモデルです。穏やかな乗り味のモデルが多いと言えます

クルーザー
「アメリカンスタイル」などとも呼ばれ、広い道をゆったり走るのに適しています

ツアラー
長距離を高速で楽に移動できるように、大型カウルを装備し、荷物も積みやすいモデルです

アドベンチャー
大型のオフロードバイクをベースに、ツアラーの性能を強化したモデルです

オフロード
未舗装路を走行することを目的としたモデルで、軽量で最低地上高が高いのが特徴です

スクーター
通常はギアチェンジが必要なく、街中などを速く、そして楽に移動することができます

体格に合ったバイクを選びましょう

最初から「乗りたいバイク」が決まっている方も多いと思います。ただし、身体の大きさ合った車種を選ぶ必要があります。無理をして乗っても、立ちゴケなどでバイクや自分を傷つけてしまう可能性があります。

「足の付かない」バイクには乗れません。必ずまたがってみて、最低でも両足のつま先が付くバイクを選ぶことをお勧めします

古いバイクは今のバイクと違います

芸能人の動画などの影響もあり、何十年も前のクラシックバイクに乗りたいという人も増えています。ただし、古いバイクは部品の入手が困難だったり、エンジンの調子を崩しやすかったりするのでバイクに詳しくない方にはおすすめできません。どうしても古いモデルのデザインがいいという方もいると思いますが、古いバイクには、ABSやトラクションコントロールといった運転を助けてくれる機能も付いていないので乗りこなすのが難しいと言えます。

古いバイクは燃料の供給にキャブレターを使用しており、現在のフューエルインジェクション車よりも手間がかかります

この古いV-MAXのエンジンは145馬力を発揮しますが、トラクションコントロールは付いていません。スロットル操作に慎重さが求められます

このNSRは2ストロークエンジンを搭載しています。2ストローク車は扱いが難しい上に、乗り方によっては調子を崩しやすいと言えます

安全性を高めるABSとトラクションコントール

新車にはABS（アンチロック・ブレーキ・システム）が標準装備されており、バイクによってはトラクションコントロールなども採用されています。最新の高級モデルでは、前走車追尾式の

ACC（アダプティブ・クルーズ・コントロール）を備えるモデルまで登場しています。各機能と操作方法については、取扱説明書を頼りに、ある程度把握しておくことが大切です

ABSもトラクションコントロールも、コンピューターで制御されています。走行前にはチェックランプで、作動状況を確認しておきましょう

車種にもよりますが、ABSやトラクションコントロールは解除することもできます。必要に応じて使い分けることで、より安全性が高まります

バイクをどこで買うかという問題

現代のバイクの買い方としては、バイクショップで買うか、ネットオークションなどで買うかというのが主な買い方でしょう。ネットオークションに関してはバイクの品質の見極めをし

なければならないので、実車を確認しないで買うのは絶対にNGですし、バイクに詳しくないのであれば勧めません。最初は、ある程度保証の付くバイクショップでの購入がお勧めです。

車両の品質や後のメンテナンスなどを考えると、ディーラーや専門店での購入がベストです。ディーラーの認定中古車は保証もしっかりしています

ネットオークションは価格が安いのですが、車両の状態は自分で判断しなければなりませんし、未整備車両が多いので整備も自分で行なう必要があります

バイクの各部名称を
知っておきましょう

バイクの各部の名称や働きをある程度覚えておくと、故障をした際などに症状をショップに伝えやすくなるなど、役に立ちます。

バイクが機械である以上、最低限の機械に対する知識を持っておくに越したことはありません。自分で必ずメンテナンスをしなければならないということではありませんが、メンテナンスや修理の依頼をするには、作業者の言っていることをある程度分かるようにしておいた方がスムーズにことが運びます。また、ある程度の知識があると、請求書の整備費用の内容なども分かるようになるので安心です。まずは基本的なバイクの部分名称と、それがおおまかでもで良いので何をしているのかを知ることから始めましょう。車種によって装着されている部品の型式などが多少異なることがあるので、取扱説明書をしっかり読み、できれば知識のある人に教えてもらうと良いでしょう。

各部の名称や働きを知っているとバイクショップに何をしてもらいたいかを正確に伝えたり、どんな作業をしたかを確認したりすることができます

● フロント周り

フロントフォークはショックを吸収するサスペンションと、ハンドルと連動したステアリング機構を兼ねているよ。

フロントのサスペンションとなるフロントフォークと呼ばれる2本の筒状の部品に、フロントタイヤ（ホイール）とブレーキなどが取り付けられています

● メーター

速度とエンジンの回転数を基本に、様々な警告灯や走行距離などの情報が表示されます

● ハンドル左側

車種によって多少異なりますが、クラッチレバーとライト関係のスイッチが取り付けられています

● ハンドル右側

スロットルとフロントブレーキレバー、スタータースイッチなどが取り付けられています

● フューエルタンク/フューエルキャップ

燃料を貯めておくのがフューエルタンクで、燃料口の蓋をフューエルキャップと呼びます

●エンジン

エンジンはバイクが走るためのパワーを生み出す機械です。排気量や気筒数、4ストロークか2ストロークか、水冷か空冷かくらいは知っておきましょう

●マフラー/リアタイヤ

マフラーは排気音を小さくする消音器です。リアタイヤはエンジンのパワーを受けて駆動します

●スイングアーム/リアショック

スイングアームはフレームと後輪をつなぎ、リアショックはその動きを制御します

●テールライト/リアフェンダー

後続車に自車の存在を知らせるテールライト。リアフェンダーは後輪の泥除けです

●ステップ/ペダル

右側のステップにはリアブレーキを操作するブレーキペダルが、左側のステップにはギアチェンジをするシフトペダルが組み合わされています

日常の点検は、
安全な走行への第一歩

自分の愛車が日常的にどのような整備を必要としているのか、取扱説明書を参考に段取りの良い点検手順を決めておきましょう。

走り出す前に各部の点検を行うのはライダーの義務。特に燃料残量の確認とタイヤ空気圧の調整は欠かせません。タイヤ表面やチェーンの点検。オイルや冷却水も。前後ブレーキも一度は掛けてみましょう。灯火類の作動確認も必須です。エンジンや各部の音、振動等にも耳をすまし異変を察知する意識と習慣を身につけておきましょう。

警告灯とメーター内に表示されている情報を確認

現在のバイクは各部がコンピューター制御されており、何かトラブルがあればすぐに警告灯で知らせてくれます。走行中にトラブルが生じた場合は仕方ありませんが、走行前からトラブルが生じている場合はトラブルが解決してから走行しないと、バイクを壊してしまう可能性があります。また、トラブルを起こしたまま走行すると、不具合が生じて事故を起こす危険もあります。トラブルの内容によっては、バイクショップに連絡をして出張診断や引取修理の相談をしましょう。

キーをオンにすると、球切れがないことを確認するために、全ての警告灯が一度点きます

車種によって異なりますが、メーターに表示される燃料の残量や、走行モードなどを確認します

エンジンを始動し、問題がなければ警告灯は順次消えていきます

タイヤは走れば摩耗しますし、月日が経てば劣化します。知らぬ間に釘が刺さっていたり、溝に小石が挟まっていたりすることもあります。また、側面の亀裂を無視するのも危険です。バイクを押し出すだけでも路面を打つ音で気付きますが、走行前にはひと通り点検して異物は除去しましょう。またスリップサインの点検も重要。偏摩耗がある時は操縦性に悪影響を及ぼすので、まだ溝が残っていても早めの交換で対処しましょう。純正装着タイヤへの交換が無難ですが、別銘柄を試すのも楽しみのひとつです。

●タイヤの空気圧は走行前に必ずチェックする

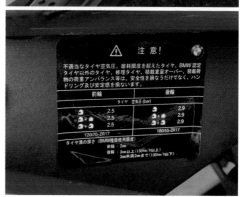

空気圧はエアゲージを使って測定します。車体に指定の空気圧が記載されているので、それに合わせるようにします

●タイヤの減りを確認

タイヤがすり減ると、排水用の溝が浅くなってきます。溝の中に盛り上がった「スリップサイン」があるので、これが表面に出てきたら交換です

●空気入れは持っておくべき

空気入れは安い物でも良いので、必ずひとつ持っておきましょう。また、ガソリンスタンドでも空気は入れられるので、上手く活用しましょう

●空気圧の調整

空気は自転車と同様に、ホイールにあるエアバルブから入れます。バルブを保護するためのバルブキャップが付いているので、まずそれを外します

バルブキャップを外したら、エアバルブに空気入れのヘッド部分をセットします。規格が合っていないとセットできないので、注意しましょう

空気入れのヘッド部分を奥まで差し込んだら、ロックレバーを倒してヘッドを固定します。空気入れによって異なることがあるので、説明書に従ってください

空気入れを操作（これは足で踏むタイプ）して、タイヤに空気を入れます。ヘッド部分から音がする場合は、空気が漏れているのでセットしなおします

空気圧を規定値に調整したら、ロックレバーを上げてヘッドを取り外します。空気が抜ける音がしていないことを確認しましょう

バルブが剥き出しのままだと、汚れなどが詰まって正常に作動しなくなることがあります。必ずバルブキャップを取り付けましょう

エンジンオイル

エンジンにはオイルが欠かせません。使用すると潤滑性能が劣化するので月日や走行距離に応じて定期的な交換が必要です。必要工具や廃油の処理、フィルター交換等を考慮すると、専門店にお任せするのが無難です。交換頻度は、バイクや使用状況によって一定ではないので、日常点検で知る油面の低下や汚れ具合等を基に専門店に相談してみると良いでしょう。

エンジンオイルはエンジンにある点検窓から量と共に、色も確認します。オイルは劣化してくると濁り、窓からは黒く見えるようになります

駆動系

バイクの後輪は多くの場合チェーンかベルト、あるいはシャフトで駆動されます。ベルトやシャフトは基本的にチェーンよりは整備頻度が少なく専門店で行う定期点検をすれば良いのですが、ほったらかしで良いわけではありません。弛みやベルトの亀裂、シャフトの場合はオイルの滲み等にも要注意。乗り味の変化や異音の発生には常に気を配りましょう。

シャフトドライブ方式の場合、通常はメンテナンスの必要がありませんが、メーカー指定の走行距離に合わせてオイルの交換が必要です

多くのバイクが採用しているチェーン方式の場合、定期的な洗浄と注油に加えて、距離を走ると伸びてくるので張りの調整や交換も必要です

ブレーキ

右手レバーと右足ペダルの位置と遊び(利き始める所)の調節が大切。その方法は車種によって異なるので、覚えるまでは専門店に調節依頼するのが無難です。油圧式の場合はマスターシリンダーやキャリパー部分にオイルの滲みがないこと、タンク部のフルードが適量かを確認。またブレーキパッドは使用と共に摩耗するので、交換する必要があります。

現代のバイクのほとんどの車種には、ブレーキに油圧式のディスクブレーキが装着されています

●ブレーキパッド

ブレーキパッドはブレーキをかける度に減るので、走行距離が伸びると当然減ります。厚みが2mmを切ったら交換するようにしましょう

●ブレーキフルード

圧力を伝えるブレーキフルードが不足するとブレーキが利かなくなるので、リザーバータンクの上限と下限の線の間にあることを確認します

発進前のブレーキチェックと共に、後方を振り返りストップランプの点灯具合も確認しましょう。ウインカーも同様です。ヘッドランプはエンジン始動直後に前方に手をかざせば、日中でも点灯確認できます。うっかりしがちなのはナンバーランプ。夜間走行の可能性があるなら必ず点検しましょう。バルブ（電球）式なら予備球を備えておく事もお薦め。最近のLED式は一体交換になるケースもあり、専門店に修理相談（依頼）することになります。

●ヘッドライトはポジションとハイビームもチェック

ヘッドライトはポジション（無い車種もあります）、ロービーム、ハイビームの全てが正常に点灯することを確認します

●テールライトとブレーキライトは別

テールライトが点くことを確認したら、ブレーキレバーとブレーキペダルをそれぞれ操作して、ブレーキライトが点くことを確認します

●ウインカーは4ヵ所チェック

ウインカーは前後左右の4ヵ所に取り付けられているので、左右に切り替えて4ヵ所全てが正常に点滅することを確認します

クラッチ

発進時操作でクラッチは目一杯握ります。暖気されていないエンジンではクラッチの切れが不充分なことがあり、少しでも切れを良くする操作を心掛けます。ローギヤへは優しく、素早くペダルを踏みます。ギヤ鳴りさせたり、ガチャンとペダルを上から叩き込むような操作はメカを傷めるので慎みましょう。レバーの握り代や遊びは好みに設定。滑り具合が変化したら交換を視野に入れて整備が必要。油圧の場合は専門店に依頼しましょう。

● 油圧式クラッチ

油圧式の場合、フルードの漏れが無いかと、フルードの量が足りているかを確認します

● ワイヤー式クラッチ

ワイヤー式の場合、ワイヤーが伸びてしまうとクラッチが切れなくなってしまいます。アジャスターが取り付けられているので、取扱説明書を参照して適切に調整します

ミラー

ミラーは走り始める前に必ず確認し、必要があれば調整しましょう。出先で誰かがぶつかって位置が変わってしまうこともあります。腕が少し映り込むように調整すると、後続車との距離が測りやすくなります。

ミラーは風圧で動かないように動きが固いので、車体が安定した状態で調整します

バッテリーにも寿命があります。使い方（充放電具合）によって様々ですが、2年前後でダメになるのが一般的と言われてきました。しかし昨今では4～5年使えたケースも耳にします。穏やかな充放電を繰り返す使い方が長持ちの秘訣なので、バイクに乗らない時はマイナス端子、プラス端子の順に取り外し、電圧が12Vより低下するなら補充電しておくと良いでしょう。結線時は逆にプラス端子、マイナス端子の順につなぎます。最近出てきたリチウム電池の使用については、専門家に相談しましょう。

●バッテリーの状態を知ろう

バッテリーの状態は電圧で判断します。USBに電圧計が付いている物もありますし、テスターがあるとより正確な計測ができます

●バッテリーの電圧を確認する

バッテリーの搭載位置は車種によって異なるので、取扱説明書で確認します。この車両の場合は、右のサイドカバーからアクセスします

カバーを外すと、バッテリーが姿を現します。赤いカバーが付いているのがプラス、カバーの無い方がマイナスの端子です

テスターの端子を、バッテリーの端子に当てます。プラスとマイナスを間違えないように注意

バッテリーの電圧は、エンジンを停止した状態で12ボルト以上あれば正常です

ラジエーター

ラジエーターは水冷エンジン車のエンジンを冷却するための装置です。リザーバータンクの冷却水の量を確認しておきます。冷却水の量は、タンクに刻まれた上限と下限の線の間にあればOKです。

リザーバータンクは車種によって設置位置が異なるので、位置を確認しておきましょう

車載工具

車載工具は車種ごとに最低限必要な工具がセットされています。あくまでも出先での緊急事態用なので、通常のメンテナンス用には、車載工具と同じサイズの工具を別に用意しておくようにしましょう。

車載工具はシートの下などに収納されています。揃っているか、一度確認しておきましょう

[第4章]

危険を察知するための
感覚を身につけよう

ヒヤッとした経験は、事故を防ぐヒントになる

バイクで街を走るようになると"ヒヤッ"とする怖いことに遭遇することがあるはずです。そんな現象のひとつひとつに、安全運転へのヒントがひそんでいると考えましょう。事故を起こさずに済んで良かったと、運の良さに"ホッ"と胸を撫でおろすだけではなく、次に"ハッ"としなくて済むよう、ヒヤッとした原因をしっかりと記憶に残すことが大切です。

例えば路面の浮き砂が溜まりやすいポイント、飛び出しの多い路地。学校の周辺、時間帯により異なる交通環境など、ある程度の危険パターンの存在に気付けることがあります。つまり用心するポイントは多岐にわたっていて、沢山の危険性が存在しているということなのです。

このあらゆることへの「気付き」がとても重要です。交通ルールをしっかりと厳守して走るのは当たり前ですが、身の安全を守るためにはさらに多くのことへ意識を配り、危険な目に遭う可能性を常に排除（回避）しながら進む必要があるのです。つまり、ライダーとして安全運転の励行は、これから進んで行こうとする前方のあらゆる状況を常に先手を打って把握し、走行速度と走行ラインを調節することで、危険因子に近づかないよう工夫し続けることが重要なのです。

ある程度の速度で走行している以上、今前方に発見した危険なポイントには数秒で到達してしまいます。その僅かな時間内に「避けるか止まる」か、そのいずれかができれば事故を未然に防げるわけです。だからこそ常に遠方の状況を把握し、これまでの経験も活かした推測も働かせて、判断や対処に使える時間を1秒でも長くするように努めるのがとても大切です。ここでは、その時間を稼ぐためのヒントとなる事例を紹介し、何を意識しながら走るべきかを探っていきます。的確な予測と冷静な判断をして、あわてた行動をとらずに済めば、自分を常に穏やかな交通環境下に保つことができるようになります。これがライダーとしての「経験値」とも言えるものであり、その経験値の高さは確実にあなたを救ってくれる力になります。

ある程度の危険パターンを熟知し、安全運転の励行に努めるのが正解です。それでも交通の中には落とし穴がたくさん隠れています。そして、想像を絶する運転をする輩が、これまた多数存在する事実もきちんと認識しておきましょう。

スピード感覚は狂うので、スピードメーターで確認

常にスピードメーターを見ながら走行しているという人は少ないと思います。自分の感覚と実際のスピードの差に注意しましょう。

　人間の感覚は正確なようで曖昧な部分もあります。スピード感覚もそのひとつで、走る道路や周囲の景色、交通の流れ具合によってスピードの感じ方は一定ではありません。さらに慣れというのもあり、高速道路を長時間走ることで100km/h前後のスピードに慣れてしまいます。従って時々スピードメーターに目をやり、感覚と実速度とのズレ具合を確かめるよう心掛ける必要があるのです。特に気をつけたいのは、高速道路から降りてすぐです。減速車線に移行してからブレーキをかけて減速しますが、きっちりとメーターを確認して減速不足にならないよう徹底しましょう。

峠道

峠道は信号などが無く、スピードを出しすぎる傾向にあります

高速道路

高速道路の多くは、100km/hが最高速度です。追い越しの際などは、速度超過に注意しましょう

高速道路を降りてすぐ

高速道路の走行後は速度感覚が麻痺するため、出てしばらくは速度超過しやすくなります

左折の際は
自転車や歩行者に注意

左折の時に多いのは、左側から来る自転車や歩行者との接触事故です。確認しやすい右側に気を取られ過ぎないように注意します。

左折準備としては自車より左側に車両が入り込まないよう、道路の左端を走って交差点へアプローチします。その際、左脇に歩道があるなら、そこを通行する自転車や歩行者の存在を確認しておくことが非常に大切です。交差点は見通しがきかない場所も多く、注意深くいつでも停止できるように準備しな

がら進まなければなりません。周囲の安全確認を徹底し、横断歩行者が居る場合は横断歩道の手前で必ず停止して待たなければなりません。歩行者の通行は決して妨げないのが鉄則ですし、発進する時は再度左右を確認し、特に左側から接近してくる自転車や歩行者がいないことを確認しましょう。

左右両側から来る歩行者や自転車に注意

向かい側から横断歩道を渡ってくる自転車にまず目が行きます

120

向かい側から横断歩道を渡ってきた自転車が、横断歩道を渡り終えます。しかし、歩行者信号はまだ青なので、発信する前に左右を必ず確認します

横断歩道を横切る際は、とにかく周りに注意しよう。歩行者信号が赤でも、渡ってくる人や自転車がいるよ!

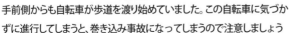

手前側からも自転車が歩道を渡り始めていました。この自転車に気づかずに進行してしまうと、巻き込み事故になってしまうので注意しましょう

右折時は対向車と共に、曲がった先の横断歩道にも注意

右折の際に対向車がいないと思ってあわてて曲がると、その先に歩行者や自転車がいてヒヤッとすることがあります。

右折時はセンターライン寄りから交差点へ進入し、交差点中央の直近内側を曲がっていくのが基本。対向の直進車が迫り来る時は徹底的に待ち、あくまで直進優先であることを認識しておきましょう。通常は交差点中央付近まで進み出て曲がれるタイミングを待ちます。周囲の安全確認をして左折時の注意と同様、歩行者優先を厳守。旋回直後に車体（お尻）を交差点内に残すのも厳禁です。待てば必ず無難に抜けら（曲が）れるタイミングが訪れると心得ましょう。右折の場合は対向車線を横切った先に横断歩道があるので、対向車だけに気を取られずに歩行者や自転車の確認を怠らないようにしましょう。

対向車に気を取られすぎると、歩行者に気がつくのが遅れることもある

右折信号の無い交差点を右折しようとしています。停止線まで進んだら、対向車線の車の動きを確認します

先頭の車両は右折するために停止線まで進んで来ましたが、その後続車が直進して来たので、このタイミングでは右折できません

③ 後続車が来ないことを確認したら、右折を開始します。対向右折車の死角に注意します

④ 右折した先には横断歩道があり、歩行者信号は青です。左右を確認しましょう

⑤ 確認しにくい右から歩行者が横断歩道を渡ってきました。必要なら一時停止します

⑥ 歩行者が完全に横断してから、再度左右を確認して進行しましょう

右折が怖いとか苦手という人が多いのは、対向車や歩行者など、気をつけなければならないことが多いからかも。ひとつずつ確認すれば、怖く無いよ!

ちょっとしたタイミングで、右直事故は避けられる

バイクと四輪車の右直事故は、とても多いのが実情です。バイク側がある程度気をつけておくことで、事故を避けられるはずです。

前項で"直進優先"と記しました。しかし必ずしもそれが守られるとは限りません。直進だからと言って「決して安心はできない」ということを肝に銘じておきましょう。右折待ちしている四輪ドライバーにとって小さなバイクの存在は、まだ遠くに居るかと距離を見誤りやすいのです。ライダー側としては早くに右折車の存在と挙動を把握しておき、相手にも自分の存在を知らせることが大切。車の影に隠れるような走りは控えましょう。

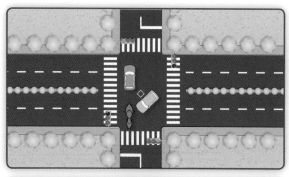

前走車の死角に入っていると、右折車に横からぶつけられる形での右直事故になります

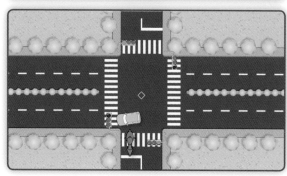

右折車の側面にぶつかってしまう右直事故は、右折側の確認不足が主な原因ですが、直進する側のスピード超過も原因のひとつです

右折車にぶつけられないようにしよう

対向車線に右折車がいます。この時前を走っている車両との距離が近すぎると、死角に入って対向の右折車から見えないことがあり、右直事故になることがあります

前を走る車両との車間距離は、自車を対向車に確認させるという意味があります。さらに言うと、車線の右寄りを走ると対向車からの視認性は上がりますが、距離は近くなるので注意しましょう

バイクは前面から見た面積が小さいため、対向車からは遠くにいるように感じられます。そのため、このように右折で前を塞がれることがあります

急に右折されてしまうと、止まり切れないことも・・・。ある程度予測しておくことも、事故を防ぐポイントだよ!

自車のスピードが速いと、タイミングによっては前を塞いだ車に突っ込む形での右直事故になります。夜間は特に注意する必要があります

約5m程度の車間を取って、車線の左寄りを走っている状態
です。対向車から見ると、四輪車の死角に完全に入ってしまっ
て、バイクの姿はヘルメットの頭頂部しか見えません

同じく約5m程度の車間を取って、車線の右寄りを走っている
状態です。対向車からは、バイクの姿がはっきり確認できます。
走行する位置だけでも確実に安全性は向上するのです

市街地での走行は、危険を避ける余裕を持とう

車が多い市街地は、様々な危険が生じる可能性を考えおく必要があります。常に周囲にアンテナを張り、危険を察知しましょう。

市街地での危険性は多岐に及びます。さらに予期せぬ事態が事故を招くことがあります。悲惨な事故に遭わないためには、あらゆる危険因子に近寄らないことが一番です。周囲の交通と可能な限り距離を空けておくのが正解でしょう。やむなく近づく時は充分な減速と一時停止を、必要に応じて行なうこ

とが重要です。そんな用心深さが身を助けるのです。例えば停止車両の脇を通過する時、突然開くドアに激突するという事故は少なくありません。そんな危機を見越して、ある程度間隔をあけて進行すればリスク回避は可能です。住宅街では子供の飛び出しに備える等、細心の注意を払いましょう。

停止車両の側方を通過する際に注意するポイント

タクシーが路肩に駐車して、お客さんを乗せようとしているようです。タクシーをよく見ると、運転席のドアが開きかけているのが確認できます

ドライバーから自車が視認されていない可能性があるので、距離を取って通過しましょう。横からドアを当てられると、転倒してしまいます

停止した車のドアは、このように突然開くことがあります。停止車両との間にある程度距離があれば、ぶつけられる確率は低くなります。距離があっても怖いものなので、停車している車の横を通過する際は、常に「ドアが開くかもしれない」と思っておきましょう

荷下ろし作業中の車両

宅配便のドライバーなどは、路上で荷物を積んでいることがあり、荷物に集中しているので、周りが見えていなこともあります

ここでもやはり、横を通過する際は距離を取ることが重要です。荷崩れしてくる可能性もゼロではないので、気をつけて通過しましょう

交差点以外で止まる車両

駐車場の入り口など、交差点以外の場所で急に止まる車両もいます。ウインカーを出してから止まるまでが短い場合など、車間距離が短いとヒヤッとすることがあるので充分な車間距離を心がけましょう

施設の前などは、
急に車両が出てくることがあります

コンビニや、停止車両の先からから急に車が出てくることがあります。そうした可能性をイメージしておくと、事故を未然に防げます。

それなりに公道走行の経験を積むと、どんな場面に危険性がひそんでいるのか想像できるようになると思います。自分が走って行こうとしている前方に起こり得る、ほんの数秒先の事態を常に予見しながらリスク回避に努め続けていくことが重要です。走行中はもちろん、のろのろ渋滞中や駐輪場周辺等、

どんな場面でも気を緩めることなく適度な緊張感を保ちましょう。コンビニなどがある場合は、その前の歩道から車両が出てくる可能性があります。また、駐車中の車両が急に発進したり、陰から別の車両が出てきたり、乗員の出入りがある可能性をイメージすることが大切です。

歩道から出てくる車両

駐車場の出入り口などは、車両が歩道から出てきます。こちらに気づかずに出てくる可能性もあります

バックで出てくる車

バックで道に出てくる車には、特に注意が必要です。死角が多く、こちらに気がついていない可能性が高いので、ホーンなどで警告してから通過するのが良いでしょう

車の飛び出し

前方に白い停止車両が確認できます。車線には余裕があるので、車線変更しなくても通過できそうです

白い停止車両の奥から、車が飛び出して来たため、進路が塞がれてしまいました。減速して衝突は避けましたが、停止車両の横を通過する場合、できるだけ間隔をあけるのはもちろん、速度にも注意しましょう

対歩行者・自転車事故は、基本「バイクが悪い」となる

横断禁止の道路を渡ってきた歩行者とぶつかった場合でも、「バイクが悪い」となりがちなのが日本の交通事情です。

そもそも「人は右、車（自転車も）は左」側を通行するのが基本。全ての人がこれを厳守する社会が構築されれば、安全確認手順もシンプルかつ確実性が高まります。しかし傍若無人な輩が多く居るのが現状であり、自分を守るための運転が必要なのです。歩行者や自転車が無茶な行動をして事故になった場合でも、バイクの方の過失が追求されてしまいます。良いとか悪いとかの話は別にして、あらゆる危険因子を避ける"用心深い"運転が求められているのです。常に想像力を働かせ身に及ぶ危険を察知するようにしましょう。視覚、聴覚、嗅覚や気配、様々な情報を基に"気をつける"気持ちを維持しましょう。

歩道からの飛び出し

交差点でも横断歩道でもない場所で、自転車が横断しようとしています。動きに注意しましょう

停止車両を避ける自転車

停止車両がいるため、車道を走っていた自転車が車線の真ん中に出てこようとしています。これは仕方ない行動です。タイミングによっては、減速して先に行かせましょう

後方を確認しないで出てくる場合もあるので、基本的にはこちら側で避けるようにしましょう

横断歩道

横断歩道は歩行者側の信号が赤になっても、走って渡ろうとする人が少なからずいます。こちらの進行方向が青になってもすぐに発進せず、必ず左右から人や自転車が来ていないことを確認しましょう

大型車両の死角には入らず、
自分の存在をアピールする

バイクは四輪車に対して小さいので、周囲の交通から確認されにくいことがありますが、危険を避けるためにできることがあります。

公道を走行する際に周囲の安全確認は欠かせませんが、その一方で周囲に自分の存在を知らせることも重要なことなのです。明るい色や反射材を備えた目立つライディングギアを着用するのは、ある程度の効果があります。周りの相手にも自車（バイク）の存在に気付いてもらうことがとても重要だからで

す。さらに死角はつくらず、死角には入らないというのはとても重要です。例えばトラック等の大型車両は死角が多いので、その直後や側面を走り続けるのは厳禁です。周囲の交通状況を正確に把握すると共に、周囲を走行している車両に自車の存在をアピールできるよう工夫しましょう。

トラックに囲まれての走行は危険

このようにトラックに囲まれた状況での走行は危険です。できるだけ早く抜け出しましょう

134

トラックを左側から追い越す時は注意

一般道路では速度の遅いトラックが右車線を走行していることもあります。その場合左から追い越す形になることがありますが、トラックからはこちらは基本見えていないと思ってください

並走しているタイミングでトラックが左に車線変更してくる可能性もあるので、車線の左寄りを走行しながら追い越すようにしましょう

少し乱暴かもしれませんが、大型車からバイクは見えていないと思って走行しましょう。「見えているだろう」が最も危険です！

135

「すり抜け」はバイクのメリットですが、状況判断が重要

すり抜けをする場合は、周りの車両に迷惑をかけないのが基本。無理なすり抜けは、大きな事故の原因になります。

　道路は走って（流れて）いるのが基本で、スペースが空いているのなら淡々と前方へ進行し続けたいと思うのが自然でしょう。道が混んできた時などに、バイクのメリットのひとつとも言えるのが「すり抜け」です。すり抜けをする際は他の車両を驚かせないようにし、ブレーキを踏ませるようなことをしない

のが大切です。すり抜けは法的にグレーな部分があるので、普通に流れている時に同一車線上で並走はしないようにしましょう。また左ウインカーを出しながら動いている車両の左脇を抜けるのは厳禁です。赤信号待ちで停車中か減速途上の脇をそろそろと抜ける程度に慎みましょう。

すり抜けする時の注意

走行中の車両を左側から追い抜くのは危険です。すり抜ける場合は、前走車が止まってから

信号に近い位置で止まり、左側に充分なスペースがあることを確認したら、徐行で左側からすり抜けます

横断歩道を斜め横断してくる歩行者や自転車もいるので、左（歩道）側にも注意しながら進行します

信号の一番前まで行くのであれば、すり抜けで追い抜いた車よりも速く加速するべきです。制限速度を超えてはいけませんが、追い抜いた車の前でもたもたすると、トラブルの原因になることがあります

ペイントやマンホールは、バイクの大敵です

二輪しか無いバイクは路面の状況に操縦性が大きく左右されるので、ペイントなどでタイヤが滑ると転倒の危険性があります。

四輪車ではあまり気になりませんが、走行ラインがほぼ1本のバイクの場合、タイヤがスリップすると転倒事故へ直結する危険性が高くなります。それだけに路面のグリップ力確保（維持）に努めるようにしましょう。滑っても自在に制御できれば良いのですが、技術的にはかなり高度な熟練が必要です。

晋段大切なのは、滑りやすい危ないポイントに細心の注意を払うこと。マンホールや路上ペイント、浮き砂、そしてアイスバーン等に充分気をつけて走るというスキルも重要なのです。また、停車した時に足が滑ると立ちゴケしてしまうので、足を着く際にも注意しておくようにしましょう。

ペイントは滑ります

バイクは自立しないので、足が滑ると立ちゴケをしてしまいます。足を着く時、ちょっとだけ気をつかおうね!

ペイントやマンホールの上は滑るので、足を着く時は避けるようにしましょう。特に雨天時は要注意です

止まる時は後方にも注意し、渋滞時は安全確保を

こちらが止まったことに気づかず、後続車に追突されるという事故を防ぐためには、早めの減速が効果的です。

「道路は流れているのが基本」と記しましたが、だからこそ減速や停止時も気を抜くことなくあらゆる注意深さが欠かせません。赤信号で停止した時、「ホッ」と一安心で気を緩める人は多いと思いますが、流れが止まった時こそ用心しなければなりません。後続の車両がちゃんと停止してくれるかどうかも必ず見極める必要があります。渋滞の始まりなどは、遠く前方の状況をいち早く判断して穏やかに時間をかけて減速する落ち着いた配慮を徹底すると、追突事故を防ぐことができます。また、片側が渋滞している道を進む時は、急な車線変更や飛び出しなどに注意が必要です。

渋滞時の注意点

二車線以上ある道路は右側だけ渋滞していることもあるよ。左車線を進行する場合は、速度を控えめにしよう！

渋滞で停まる時は、できるだけ早めに減速しましょう。右車線だけ渋滞している時は、対向車線からの右折車や急な車線変更にも注意が必要です

キープレフトは、
正面衝突のリスクを減らせる

キープレフト走行のひとつのメリットは、正面衝突の可能性を下げることです。対面通行の道路では、キープレフトが基本です。

日本ではキープレフトが基本です。これが完璧に守られるなら、二車線以上の道路で正面衝突するはずはありえません。しかしセンターラインをはみ出す危険な車両は多く、正面衝突事故は無くなりません。普通に進行している前方の道路が、突然塞がれてしまう「可能性」（危険因子）があることを常に意識して、用心しておくことが重要です。事故を防ぐ方法は"停止か回避"のふたつで、遥か遠く前方の車両でも怪しい（不穏な）挙動を感じたら、先ずは減速しつつ注意を払えるよう常に意識しておきましょう。また、車線の左側を走行するキープレフトが、避けるための一瞬の時間を生んでくれます。

車線の左寄りを走ることで、余裕ができます

車線の左よりを走っているか、右寄りを走っているかで対向車との距離は1〜2m変わります。

停止車両や自転車などを避けるために対向車がセンターラインからはみ出してくることもあります。対向車がいる時は、車線の左寄りを走行するようにしましょう

急な車線変更は、
危険なのでやめよう

車線変更は移行先の車線に充分なスペースがあることを確認した上で、ウインカーを出し再度周囲の安全を確認の上、直線に近い斜行で穏やかに車線を移動するのが基本です。

事故回避のためなら致し方ありませんが、まるでコーナリングするように車体を倒し込んで急激なレーンチェンジをする輩がいます。

穏やかな交通の流れを阻害しますし、はっきり言って誰の目にも格好悪いので、驚かせない様スマートで優しい走り方に徹しましょう。

急な車線変更を後ろから見ると・・・

ウインカーを出すと同時に車体を傾け始めました。後ろから見ると、少し異様な動きです

急角度で車線変更をすると、後続車にとってはいきなり割り込まれたと感じます

車線変更するスピードが速いので、行き過ぎて車線や中央線をはみ出す可能性もあります

路面が悪いとコントロールを失う可能性もあるので、安全な車線変更を心がけましょう

雨天時にバイクに乗るのは、リスクが増えるので注意

雨が降っている時は基本的にバイクに乗ることをおすすめしません。どうしても乗るという時は、細心の注意が必要です。

雨が降っているからといって基本的な走り方や操縦方法に変わりが生じるわけではありませんが、まず視界が悪くなることと路面が滑りやすくなることに注意を払う必要があります。つまりいつも以上に慎重に、穏やかで優しい走りに徹する必要があるのです。ツーリングなどでは普段以上に神経を使うので、早めに休憩をとることも大切。身体を濡らしたり冷やしたりしないよう、装備面にも万全を期すことも徹底しましょう。天気が悪い日にバイクに乗るのはおすすめできないので、可能なら予定変更する勇気も重要。ツーリングの途中なら、レーダーなどで天候の具合を見てコースを変更することも検討しましょう。

雨天時はタイヤが滑ります

雨天時はタイヤが滑りやすく、ブレーキも利きにくくなります。滑るものと思い、速度などに注意

レインウェア

レインウェアはバイク用のものがおすすめです。ばたつきを抑えるなど、バイクでの走行を考えて作られています

シールドの水滴

シールドについた水滴は、前方の視界を妨げます。ワイパーは無いので、グローブなどで拭いながら走るしかありません

ミラーの水滴

雨天時はミラーに水滴がつき、後方視界が悪くなります。状況によってはもっと水滴がつき、全く見えなくなることもあります

シールドの曇り

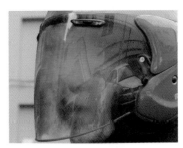

シールドの曇りも視界を奪います。曇り止めシールドを使うとかなり解消されます

夜間走行時は細心の注意と
自車アピールを

夜間走行は暗いために周囲の確認がしにくく、自車の存在も周囲から確認されにくいということを知っておきましょう。

対向車がいなければハイビームを使い、遠く前方の状況をいち早く確認するようにします。光の方が先に届くので、路地からの飛び出し等が察知しやすいケースもあり、自車の存在を対向車などに知らせる意味合いもあります。街灯の無い所では自転車や歩行者に気付きにくいので場合によっては徐行運転し、無灯火で走る車両もいるので注意しましょう。

夕暮れ時

周囲とライトの明るさの差が少なく、意外と目立ちにくいのがこの時間帯です

サイドミラー内ではこのように見えます。小さいので、距離感が掴みにくいと感じます

夜間

ライトは夕暮れ時よりも目立ちますが、車体はほとんど確認できません

サイドミラーでは非常に確認しづらいので、車の後ろに付いた時は注意しましょう

あおり運転を「しない」ことと、「させない」運転を心がける

あおり運転はしてもされても危険なだけです。自身のアンガーマネージメントと、相手を気遣う運転で絶対に避けましょう。

まずはあおらないということが大前提であり、あおっていると勘違いされないように車間距離にも気をつけましょう。逆にあおられていると感じたなら、先にいかせてしまいましょう。ともかく相手と距離をおくのが正解。前方で進路を塞ぐような悪質なケースに遭遇しても、近づかないようにすれば多くの場合は事なきを得られるはずです。混合交通の中では他の人を驚かさないことが大切で、具体的に言うとブレーキを踏ませるような事をしないのが重要。それができればあおりトラブルも事故も減らすことができるはずです。

距離と圧迫感

車のミラーにバイクがどのように写っているかを確認しておきましょう。左上は車間距離約2m、右上は車間距離約5m、左下は車間距離約10mです。バイクは前面の面積が小さいのでミラー内では遠くに見えますが、2mまで近づくと圧迫感を感じるはずです

[第5章]

知っておきたい
バイクの周りのこと

「バイクならでは」のことが、たくさんあります

　バイクのある生活を始めると、いろいろとやりたいことや楽しみが増えると思います。しかし同時にやるべきことや、やった方が良いことも増え、かなり多くの時間をバイクとの関わりに使うことになるはずです。そのすべてをエンジョイできることが理想的なバイクライフと言えるでしょう。

　安全運転のためには、日常的な点検整備が欠かせません。そして、ピッカピカの新車の輝きを維持したいのなら、洗車やワックス掛けと各部の注油作業も見逃せません。自分でできなかったり、やらないのであれば、定期的に専門店へ依頼することも大切です。

　また買物へ出かけた時など、出先での駐輪方法やヘルメットなどの保管方法、荷物の積み方などにもバイクならではの色々なノウハウがあります。ビギナーライダーならそれらのひとつひとつがわからないことだらけでしょう。

　待望のツーリングに出かけても同様です。高速道路の出入りやガソリンスタンドでの給油。立ちゴケ等の失敗をやらかしてしまったとしても、何も不思議はない状況が待ち受けています。バイクに初めて乗って公道を走るということは、まさに不安だらけ

なはずです。

　それも良い経験談として笑って話せる程度の出来事ですめば良く、不幸な思い出は残したくないのが本音です。せっかく楽しむために乗り始めたバイクで、嫌な思いはして欲しくないのがライダー全員の願いなのです。

　大切なのはあらゆることに考えを巡らせ、「気をつける」こと。この先に待ち受けること（起こりうる事柄）にも想像力を働かせて先手を打って対処する徹底配慮を心掛けること。例えそれが取り越し苦労に終わっても良いのです。

　ツーリング先で雲行きが怪しければ、天候の変化を先読みして行動するのもそのひとつ。突発的な事故で通行止めの道路に遭遇することもあるでしょう。ナビゲーションを含めて、スマートフォンを活用できるのは現代ならでの特権かもしれません。また、希なことですが、パンクやエンジントラブルを起こすことなどもありえます。

　対処には沢山のノウハウがあり、先輩からの教えを「なるほど」と確認、強く再認識させられることもあるでしょう。あらゆる事柄に強い意識を持って気配りできると身を助けることに繋がるのです。

燃料（電池）切れを起こさないように、マネージメントしよう

燃料切れはライダーのミスであり、ガソリンスタンドまで重たいバイクを押したり、レスキューを呼ばなければならなくなります。

　燃料計を装備した車種も増えましたが、バイクに乗る時は燃費率のことを気にかけておきましょう。1Lのガソリンでどれくらいの距離を走れるのか、満タン給油するごとに走った走行距離をメモして給油量で除算すれば答えが出ます。仮に100kmを走るのに4L消費したら、25km/Lと言うことです。これに燃料

タンクの容量を積算すれば、だいたいの航続距離も判明します。燃料切れを避けられる他、賢い走り方やバイクの調子をはかる参考になります。また、燃料警告灯しか無い車種であれば、残り何Lで警告灯が点灯するのかを知っておく必要があります。電動バイクの場合は、充電残量の管理をしっかりしましょう。

燃料計は必ず確認

燃料計がある場合は、必ず走行前に残量を確認します。走行可能距離が表示される車種もあります

燃料タンク内を目視で確認

燃料計の付いていない車種は、フューエルキャップをあけて目視でタンク内のガソリン量を確認します。見えにくい場合は、車体を軽く左右に揺らしてみましょう

高速道路での給油

高速道路ではサービスエリアで給油することができます。ただし、サービスエリアは約50kmごとにしか設置されていないので、走行可能距離をきちんと計算して適宜給油をしましょう

高速道路に楽に乗れる、ETCはバイクの必需品

高速道路のゲートをそのまま通過できるETCは、チケットや料金のやりとりが面倒なバイクにこそ必要な装備です。

高速道路の利用には通行料が必要です。費用負担は大きいのですが時間が節約できます。安全性も高く快適に長距離移動できる魅力は侮れません。高速の利用頻度が高いなら（125 cc以下の原付車両は除外）ETCの装備は必須と考えましょう。なぜなら料金所を止まらずに通過できますし、各地に増設されているスマートICの利用が可能となるからです。ETC機器の作動具合と、ETCカードの使用期限が切れていないかどうかの注意は怠らないよう気をつけましょう。また、一定区間の高速道路が乗り放題になるETC限定の「ツーリングプラン」などもあるので、有効に活用しましょう。

ETC車載器とランプの確認

ETCの車載器は、シートの下などに設置されています。カードがセットされると、確認ランプが赤から緑へと変わります。音声での案内は無いので、高速に乗る前にはこのランプの色を必ず確認しましょう

ETCカードのセット方法（一例）

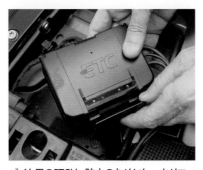

バイク用のETCは、防水のためにしっかりロックされているので、まずロックを解除します

蓋をあけるとこのように端子が確認できます。この端子でカードのチップを読み込みます

ETCカードをセットする際は、カードの裏表に注意します。端子側にカードの表が来ます

カードの向きを確認したら、スロットにカードを差し込んでいきます

スロットの奥までカードをセットしたら、端子とチップの位置が合うようになっています

蓋を閉めてロックします。ロックが甘いと、水が入ったりしてトラブルを起こす可能性があります

バイクを停める時は、地面の状態や傾斜に注意しよう

バイクを停める際にはサイドスタンドを使うのが基本ですが、停める場所を間違えると倒してしまうことがあるので確認しましょう。

バイクを停める行為はサイドスタンドを出してバイクを左に傾けるだけですが、そう単純なものでもありません。通常はこれでOKですが、意外と転倒トラブルがあります。失敗をしないためには平地で舗装のしっかりした場所を選ぶことが大切です。さらに、四輪車におけるサイドブレーキの代わりに、ギアを

ローに入れておくよう心掛けましょう。土や砂地、真夏のアスファルトではスタンドが地面にめり込むことがあります。石や板などをサイドスタンドの下に敷くことで、こうした場所でも停めることはできます。要はバイクを安定させることが重要で、荒れ地や傾斜地ではそれなりの対策が必要です。

路面の傾きに注意する

サイドスタンドは車体の左側に付いているので、車体は左に傾きます。この傾きよりも左側が高い場所には停められませんし、車体の傾きが浅いと右側に倒れてしまいます。バイクをサイドスタンドで停める場合は、路面の傾きに注意しましょう

土の上などにサイドスタンドで停める時

柔らかい土の上にサイドスタンドで停めると、サイドスタンドが土にめり込んで倒れてしまうことがあります

土の上にサイドスタンドで停める場合は、平たい石などをサイドスタンドの下に敷きます。あまり高さがあると、反対側に倒れるリスクがあるので注意しましょう。停めた後は車体を軽く揺すり、安定して停まっていることを確認しましょう

専用のプレートや、サイドスタンドの接地面を広くするパーツなども販売されているよ。そうしたアイテムがあると、さらに安心して停められるね!

荷物を積む時は、安定した状態をキープする

バイクは基本的に荷物を積むように作られていないため、荷物を積むのにはコツがいります。バランスよく積むことを心がけましょう。

ツーリングには何かと荷物の積載を伴うことになります。防水バッグに入れてゴムバンドでシートやキャリアに固定するのが一般的でしょう。このときゴムの張り具合が均一になるよう慎重に固定する必要があります。休憩時には固定具合に乱れがないかの点検も大切。またバイクに跨がる時に、荷物に足を引っかけないよう注意しましょう。跨り方にも工夫が必要なので、荷物を積んだら乗り降りして確認しておきましょう。理想としてはリアボックスの装備がお薦めで、風圧や全天候に対応できて荷物の出し入れもしやすくなります。また、セキュリティも確保できるので、使い勝手はとても良好です。

ネットなどで荷物を固定する場合の注意点

積む荷物の四隅に被るサイズのものを使用し、荷物が安定した状態でテンションを均等にかけます

荷物を積んだ場合の乗車方法

荷物を後席部分に積むと、乗車の際に足がひっかかってしまうことがあります。その場合は右足を上げてシートを跨いで乗車するか、ステップに乗ってから跨るようにすると荷物に足をぶつけません

リアボックスは安心で便利

トップケースとも呼ばれるリアボックスは、車体にしっかりと固定でき、蓋が閉まるので荷物を安全に積むことができます。鍵をかけることもできるので防犯の面からも安心して使用できます。車種専用の物がしっかり固定できるので、おすすめです

二人乗りをする時は、
コミュニケーションがポイント！

タンデムする際、パッセンジャーが乗り降りする際に転倒することもあるので、しっかりコミュニケーションを取りましょう。

二人乗り（タンデム）するときには事前準備が欠かせません。パッセンジャーに乗り降りの仕方やバイクの特性を教えておく必要があります。走行中は「荷物になったつもりでじっとしていて」と掴まる場所も含めてレクチャーしましょう。乗り降りや発進時は声を掛け合うことも大切。乗車時の基本はシートに跨がってから足をステップに乗せます。降車時もステップに足を掛けないのが基本。バイクや体格に応じて柔軟な対応が必要です。お互いに乗り降りしやすい動作を覚えましょう。

二人乗りは免許取得後1年経ってからOK。高速道路の二人乗りは20歳以上かつ、当該車両の免許取得後3年経ってからだよ！

パッセンジャーの乗り方

1

ライダーとパッセンジャーのコミュニケーションが重要です。声をかけあってから、パッセンジャーはライダーの肩に手をかけましょう

2

ステップに足をかけます。これだけでもバイクはグラつくので、パッセンジャーは声をかけてから足をかけましょう

ステップに体重がかかると車体が傾くので、ライダーはしっかり足を踏ん張りましょう

パッセンジャーが車体を跨ぐ時には、車体が揺れるのでゆっくり跨りましょう

パッセンジャーは跨ぐと同時に、反対の手をライダーの肩にかけます

そのままパッセンジャーは体を正面に向けつつ、右足をステップへと乗せます

サスペンションが大きく沈んで車体が揺れるないように、静かに腰をシートへと下ろします

パッセンジャーのポジションが決まったことを確認してから、発進しましょう

片手はライダーの肩に置き、もう片方の手でグラブバーを握って体重を支える乗り方です。ライダーの体に触れておくことで、ライダーはパッセンジャーの存在が確認できます

片手はライダーの腰に回し、もう片方の手でグラブバーを握って体重を支える乗り方です。両手を腰に回す乗り方もあります

両手でグラブバーを掴む乗り方です。パッセンジャーはしっかり膝を閉めておくと良いでしょう

パッセンジャーの降り方

パッセンジャーは、必ずライダーに声をかけてからステップの上に立ち上がります

片側のステップだけにパッセンジャーが乗った状態は、車体が傾くのでライダーは注意

ライダーはしっかりと両足を踏ん張って、バイクが傾かないようにしましょう

パッセンジャーが勢いよく降りてしまうとバイクが傾きやすいので、ゆっくりと降りましょう

降りる瞬間はパッセンジャーも不安定な状態になるので、転んだりしないように注意

パッセンジャーが降りるとサスペンションが伸びてリアが上がるので、ライダーは注意

バイクを倒してしまったら、安全を確認してから起こそう

転倒も含めて、バイクはちょっとしたことで倒れてしまうものです。もしものときに素早く起こせるように、起こし方を学んでおきましょう。

走行中の転倒も心配をしすぎずに、身体の防護と二次事故の防止に努めましょう。また車体の引き起しについては、できることなら手助けを借りるのが無難。引き起しの手法は、状況によって一様ではありませんが、ハンドルをどちらかいっぱいに切って起こすのが基本です。右側に車体が倒れてしまった場合は、起こした勢いで左側に車体が倒れないように予めサイドスタンドを出しておきましょう。バイクを起こす際は、腕力や背筋だけに頼るのではなく、背筋を伸ばして下半身の屈伸を活用するようにしましょう。傾斜地なら起こしやすい向きを考慮するのも賢い方法です。

基本の起こし方

バイクを倒してしまったり、転倒してしまった時は慌ててしまうもの。まず深呼吸して、落ち着いた対応を!

ハンドルをいっぱいに切った状態で倒れた側のハンドルを両手で持ち、膝や腰をしっかり使ってハンドルを持ち上げるように力を入れます

ハンドルとグラブバーを使った起こし方

ハンドルとグラブバーなどのリア側で力をかけても大丈夫な部分を持って起こす方法です。重量が分散するので、この方が力を入れやすい場合もあります。右側に倒してしまった場合は、必ずサイドスタンドを出してから起こしましょう

後ろ向きは力をかけやすい

この後ろ向きで起こす方法は最も強く足の力が使えるので、重たいバイクを起こすのに適しています。勢いを付け過ぎると反対側に倒れるので、力加減に注意しましょう。右側に倒してしまった場合は、必ずサイドスタンドを出しておきましょう

走行モードの変更で、状況や目的に合った走りを実現

バイクがコンピュータ制御されるようになったことでもたらされた、非常に大きなメリットがこの走行モードのセレクトです。

近年のバイク、特にスポーツバイクには走行モードのセレクターが装備されています。走行モードを変更すると、スロットルのレスポンス（スロットルを開けた時のパワーやトルクの出方）や、トラクションコントロール（p.167参照）のセッティングが変更され、バイクの性格が大きく変わります。多くは「STD」や「ROAD」と表示される通常走行モード、「SPORT」や「DYNAMIC」などと表示されるスポーツモード、「RAIN」と表示されるレインモードの3種類程度に切り替えることができます。状況や目的に合わせてセレクトすることで、バイクをより安全に楽しく走らせることができます。

走りを変える走行モード

最近のバイクには、走行するシーンに合わせてスロットルのレスポンスやトラクションコントロールの設定を変更することができます。愛車に装備されているのであれば、モードを変更してどのよう変わるのか知っておきましょう

走行モードの一例

「ROAD」や「STD」といったモードは、スロットルのレスポンスやトラクションコントロールが、そのバイクの標準的な状態にセッティングされます。一般的な走行時は、このモードにしておきましょう

「RAIN」モードはスロットルのレスポンスが緩やかになり、トラクションコントロールが強く介入します。路面が滑りやすい雨の時や、低速走行を強いられる渋滞時などに向いています。パワーの立ち上がりや加速が穏やかになるので、バイクに慣れるまではこのモードで練習するのもおすすめです

「DYNAMIC」や「SPORT」といったモードは、スロットルのレスポンスが鋭くなり、トラクションコントロールの設定などがスポーツ走行に向いたセッティングになります。100馬力を超えるようなバイクの場合、そのバイクに充分慣れた上で、安全な状況で試してみましょう

渋滞や低速走行時は
オーバーヒートに注意

エンジンが剥き出しのバイクですが、渋滞などではオーバーヒートする可能性があります。水温や油温を確認しておきましょう。

　風当たりが弱くなる渋滞路をノロノロと進んでいると、冷却不足でエンジンがオーバーヒートぎみになることがあります。水冷の場合は冷却ファンが回って強制冷却されますが、オーバーヒートぎみになるとエンジンが不調になり、メカを傷めることもあるので要注意です。空冷の場合は走行風が当たら

ないと一気にエンジンの温度が上がるので、油温計などを確認して、オーバーヒートが疑われる場合は安全な場所で停車し、エンジンが冷めるのを待ちましょう。また排気系から立ち上る熱気がライダーを襲い、ふくらはぎなどを火傷することもあるので、レザーウエア着用等で保護するのもの大切です。

空冷エンジンは走らないと冷えません

空冷エンジン搭載車は、渋滞が大の苦手です。オーバーヒートや火傷に注意しましょう。また、一度オーバーヒートさせてしまうとエンジンオイルの性能が著しく劣化するため、早めにエンジンオイルを交換しましょう

ナビゲーションシステムは
ツーリングの必需品

今ではツーリングの必需品となったナビケーションシステムですが、スマートフォンのアプリでも充分に対応することができます。

ナビゲーションシステムを使う場合、画面に気を取られ過ぎないことが大切です。走行中の操作は危険ですし、使い方によっては違反に問われるので注意しましょう。スマートフォンのナビをバイクのディスプレイに表示できるタイプもありますが、多くの場合スマートフォンホルダーを使って取り付けることになります。道案内機能はスマートフォンのアプリでも充分役に立ちますし、道路情報は最新で渋滞情報もリアルタイムで入手できるので便利です。バイク専用ナビゲーションシステムは振動や防水対策がされていて、道案内以外の豊富な機能や、操作性も優れているのが特徴ですが、高価なのがネックです。

スマートフォンのナビゲーションアプリは便利

スマートフォンのナビは便利だけど、電波の届かない場所では使えないものがあるので注意してね!

スマートフォンホルダーを付ければ、そのままナビゲーションシステムとして使えます。グローブはタッチ画面対応の物を使うと便利です

USB電源は
現代社会に欠かせません

スマートフォン必須の時代だけに、USB電源があると便利です。
標準装備される車種もありますが、後付けすることも可能です。

従来からある12Vアクセサリー電源を装備済みなら、USBへの変換アダプターを挿せば対応可能です。それとは別に専用のUSB電源を装備しておくと、何かと便利に使えます。なお後付けの場合はバイクショップ等に相談するのがお薦めです。

USB電源は必需品

現代においてUSB電源は必需品と言えます。純正から社外品まで様々な物がありますが、防水カバーなどが付いたバイク用を使用しましょう

ケーブルの処理

USB電源に機器を繋ぐ際は、そのケーブルの処理に注意しましょう。ハンドル操作の邪魔にならないように、面ファスナーやタイラップでまとめて固定すると良いでしょう

あると便利なインカム

ヘルメットに装着できるインカムは、二人乗り時のパッセンジャー、あるいはツーリング仲間と会話できる便利な道具です。

インカムは無線通話や、スマートフォンを利用しての音楽や電話対応が可能です。聴覚は安全運転上周囲の情報把握に欠かせないので、会話や音楽に夢中になることは避けましょう。緊急車両のサイレン等を聞き逃さないよう、ボリュームも控えめにします。分岐路での行き先確認や、予定外の休憩（停車）要求などの連絡に役立ちます

安全性をアップするトラクションコントロール

トラクションコントロールは、スロットルの開け過ぎによるスリップダウンという失敗を防ぐ賢い電子制御装置のひとつです。

トラクションコントロールは簡単に言うと、後輪のスリップを制御する装置です。詳しい働きについては、取扱説明書を読んで理解を深めておきましょう。スポーツ走行やダート走行用に、作動OFFも含めて制御具合が変更できるのもあります。安全性を高めてくれる装備ですが、その機能を過信し過ぎず、安全かつ適切・的確な運転を常に心がけましょう。

ドライブレコーダーは
事故の時の証拠になる

走行時に、前方や後方の様子を動画撮影するドライブレコーダーは、事故発生時の証拠映像としても重宝されます。

ドライブレコーダーを装備するなら、前後をカバーできるものがおすすめ。バイク用は小型で防水や振動対策されているのが一般的で、価格や仕組み、取り付け方法や性能も多彩です。取り付けやすさも含めて、専門店や既設のライダーに相談すると良いでしょう。

ドライブレコーダーは取り付けたい装備

ドライブレコーダーは事故の際の証拠になるので、できれば取り付けておきたい装備。USBから電源が取れるタイプは、取り付けも簡単です

ツーリングの記録としても楽しめる

これは実際にドライブレコーダーで撮影した画面です。事故時の証拠として以外にも、ツーリングの記録として後で楽しむのも良いでしょう

バイクに乗る時は、天気を考えるのも大切

天気予報アプリは雨雲レーダー機能なども備え、かなり正確に天気を予測することができるので、上手に活用しましょう。

真夏は路面の照り返しも含めて猛暑に襲われますし、冬季や高地の寒さも辛いものです。また、雨が降れば路面は滑りやすくなり、前方視界も悪化します。雨中走行は断念する決断も大切ですし、出先で雨に遭遇したときは賢くコース変更するのもおすすめです。レインウェアを常に備え、天気予報アプリなどを活用した柔軟かつ臨機応変な対応が必要です。

ガソリンは指定されたグレードを使うこと

バイクに使用される燃料は、ハイオクガソリンかレギュラーガソリンのどちらかです。絶対に軽油は入れてはいけません。

自分のバイクにハイオクガソリンを入れるべきか、レギュラーガソリンを入れるべきかは絶対に把握しておくべきです。価格が安いからといってハイオクガソリン指定のバイクにレギュラーガソリンを入れてしまうと、エンジンが不調をきたすことも。また、逆にレギュラー仕様の車両にハイオクを入れても、あまり意味はありません。

マスツーリングは
安全の確保がとても重要

集団で走行する場合、色々なリスクが生じます。参加する全員でしっかりとミーティングして、安全にツーリングしましょう。

気の合う仲間と一緒に走るマスツーリングは楽しいのですが、集団で動くと色々な場面で迷惑を掛けてしまいやすいのも事実です。例えば皆同時に燃料給油するとそれなりに時間が掛かり、待ち時間が増します。またバイクやライダーの技量も様々なので、同じペースで走ろうとすること事態にリスクがあ

ります。できれば要所毎に集合場所を決めて、小グループに分散して時差行動するのがおすすめです。先導役や初心者を前方に、後尾にはベテランライダーを配置しましょう。また、道に迷ったりトラブル時の連絡方法等を予め周知しておくことで、より安心してマスツーリングを楽しむことができます。

ペースに注意しよう

一緒に走る場合は互いのバイクの性能や技量を把握して、適切なペースで走りましょう

千鳥走行が基本

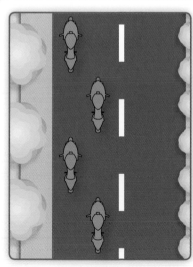

互い違いに並んで走る「千鳥走行」は車列を短くでき、他車の動きを確認しやすくなります

バイクを保管する時は、
雨天と盗難の対策をしっかり

バイクを屋外に駐車する場合は、盗難の被害やサビの発生といった問題にしっかりとした対応が必要になります。

バイクはガレージ保管がベストですが、住宅環境などによって叶わないのであれば、雨風や日光を避けられるような配慮が必要です。できれば軒下などに保管し、サイズの合った車体カバーをしっかりと被せ、ある程度定期的に走らせて保管前に注油等の軽い整備をすることも重要です。長期保管するなら

バイクが湿気ないよう、雨が降った後にはカバーを干しつつバイク全体を柔らかいウエス（雑巾）で乾拭きしましょう。屋外で保管する場合は、しっかりした盗難対策も必要です。これ見よがしの頑丈なロックと目立たない小型ロックを併用したり、セキュリティアラームを装備するのが効果的です。

カバーとチェーンロック

チェーンロックはできるだけゴツい物を使用すると、視覚的にも防犯効果があります

屋外に駐車する場合は、必ず車体にカバーをかけましょう。防犯はもちろん、車体の保護にも効果があります

メカが剥き出しのバイクは、火傷などの危険性があります

バイクは、ライダー自身や周りの人を火傷させる危険性があります。
熱くなる部分を把握し、停める場所や向きなどにも注意しましょう。

バイクはエンジンなどのメカが剥き出しになっているため、停めておくときに注意が必要です。特に子どもたちが遊ぶような場所の周囲では、子どもが近寄って火傷しないようにする気遣いを忘れないようにしましょう。エンジン周辺を始めエキゾーストパイプやマフラーは高温になるため、エンジンを停止し

てもしばらくは冷えないことに注意する必要があるのです。ライダーも気をつけていないと、化繊のパンツは裾などが触れて溶けてしまったり、マフラーなどに触れて火傷することがあります。少し冷えるまで待ってバイクを離れたり、マフラー側を壁際にして置くなどの配慮が大切です。

エンジン

エンジンはかなり熱くなるので、走行中や走行直後は触らないようにしましょう

マフラー

マフラーもとても熱くなります。他者と接しないよう、停める場所にも注意しましょう

カスタムは保安基準に準じよう

カスタム（改造）は本来自由に楽しむものですが、公道を走る以上は、各種の法令や規制に則った範疇で楽しむのが正解です。

音の大きなマフラーなどが問題になることが多いカスタムですが、本来の性能や操縦安定性をスポイルすることもあります。純正でも豊富なカスタムパーツが揃えられている車種もあるので、純正品の使用に止めると安心です。ショーモデルなら話は別ですが、公道を走りたいのであれば排気ガス規制なども含めた保安基準に則る配慮が必要です。

任意保険にも加入し、期限切れにも注意

事故の際、相手の過失が大きくてもこちらがゼロになることはほぼないので、任意保険に入っていないと大変なことになることも。

保険には加入義務がある自賠責保険（自動車損害賠償責任保険）と、任意保険の二種類があります。しかし、自賠責保険は物損事故に対応していませんし、人身事故にも充分に対応しているとは言えません。安心して公道を走行したいのであれば、任意保険に加入しましょう。また、車検の無い250cc以下の車両は、自賠責保険の期限切れにも注意が必要です。

最悪の事態を想定し、それを未然に防ぐ運転を

　安全運転にはほんとうに多くのノウハウがありますが、それをひとりひとりのライダーに伝えるのはとても難しいことです。なぜなら、個々のライダー自身が体験を基にしながら、感覚的にそれらを理解していく必要があるからです。

　本書を読む、先輩からアドバイスを受ける、そうしたどれもが参考にはなりますが、自分自身でバイクとつきあい、走りながら上達していく中で、自然と身についてくるものがとても大切なのです。

　ただし、本当に身につくかどうか、多くのノウハウや扱い方の「術」をマスターできるかどうかは、本人の意識次第とも言えます。

　何事にも"無頓着"な態度を貫いていると教えられたことも覚えないし、貴重な経験を積み重ねたとしても身につきません。

　大切なのは、事故は絶対に起こしたくないという強い気持ちです。悲惨な目にはあいたくない、痛い思いはしたくない。つまり安全に対する意識を鼓舞し、そこに向ける真摯な姿勢を持ってこそ、安全運転に必要な技術や知識が育まれるのです。

　バイクには死を招く危険性があることを、予めしっかりと認識しておくようにしましょう。だからこそ安全運転を最優先する。一般道ではそれなりに穏やかで優しい走りを楽しむことが大切だと心得ましょう。

　筆者はバイク歴半世紀を超えていて、その間怪我や事故の経験も数回あります。今思い返すと想像力が足りなかったのだと反省する場面も多々あります。今考えれば、前方に何かの危険因子を見つけた時、自分がそこに近づいて行く中でどの様なことが起こり得るかを考えれば避けられたのかもしれません。相手が自分の期待通りの動きをしてくれるとは限らないという配慮に欠けるケースがあったと反省しています。

　つまり最悪の事態も想定するようにすれば、事故は未然に防げたかもしれないと思うのです。

　ここらへんの状況把握や対処判断はまさにケースバイケースと言えます。いつも感覚を研ぎ澄まし、第六感も含めて、充分に「気をつける」。その気持ちはバイクを降りても常に意識し続けることが大切なのです。それこそが、あらゆる危険性から身を守る助けとなるからです。

　本書が読者の皆様が素敵で充実したバイクライフを目指す上で、賢い考え方の一助になれば幸いです。ご購読頂き、ありがとうございました。

近田 茂

あなたを生かすための1秒を稼いでください

16歳の時、僕は中古の250ccを手に入れました。しかし、納車当日バイク店から家に帰る間に、交差点で転倒してしまいました。原因は前のオーナーがバイクをあまり寝かせない人だったらしく、ワックスの残ったタイヤのサイド部分でマンホールに乗ったことでした。バイクの種類や運転の基本は知っていても、タイヤの状態を確認するということを知らなかったために起きたトラブルでした。それから何度か事故や転倒にあいましたが、その度に少しずつ学び、30年以上経った今でもバイクを楽しんでいます。でも、周りに2人バイクで亡くなった仲間がいます。2人とも20歳前後でした。今でも時々彼らのことを思い出すことがあります。そして、バイクに乗る時は、「絶対に無事に帰ってくる」と気合を入れて乗るようにしています。

この本を作ると決まった時から、僕はバイクに乗る時に、いつもあまり考えずに行なっていることをいちいち考えながら乗るようにしました。自分自身が普段なにげなくやっていることに意味づけをし始めると、常に様々な情報を処理し続けながら走っていることに気がつきました。そして、その中で一貫して自分が行なっていることに

気がつきました。それは「時間を生み出そう」としていることです。時間といっても、それは1秒に満たない極めて短い時間で、「車線の中のどの位置を走っているか」とか、「前の車との車間距離」によって生み出されるものです。例えば前の車が何かの事情で急ブレーキをかけた時、きちんと車間距離をとっていればぶつからないかもしれませんし、ぶつかってしまったとしてもダメージは軽減されます。僕はそれを「ぶつかるまでの時間の長さ」が命を守ったと考えています。事故に遭ってしまった時に、生きるか死ぬかというのはとても大きな違いですが、その間にあるのはこの1秒に満たない時間であることもあるのです。

1秒早ければ、1秒遅ければ起こらなかった事故はたくさんあります。実際にスピードを出した状態で交差点に入ってしまったことで、右直事故にあうといった事例は後を断ちません。バイクで走るのは気持ちいいものですが、スピードは生き残るための時間を奪う可能性があるものだということを知っておいて欲しいのです。

あなたを命を救うための1秒、それをこの本が生み出せることを祈っています。

後藤秀之

［事故やトラブルを避けるための知識と技術］

命を守る
バイク術

2023年6月10日 発行

STAFF

PUBLISHER
高橋清子　Kiyoko Takahashi

SUPERVISER / MAIN WRITER
近田　茂　Shigeru Chikata

EDITOR
後藤秀之　Hideyuki Goto
行木　誠　Makoto Nameki

DESIGNER
小島進也　Shinya Kojima

PHOTOGRAPHER
小峰秀世　Hideyo Komine
柴田雅人　Masato Shibata

ADVERTISING STAFF
西下聡一郎　Souichiro Nishishita

PRINTING
中央精版印刷株式会社

PLANNING,EDITORIAL&PUBLISHING
（株）スタジオ タック クリエイティブ
〒151-0051 東京都渋谷区千駄ヶ谷3-23-10 若松ビル 2F
STUDIO TAC CREATIVE CO.,LTD.
2F, 3-23-10, SENDAGAYA SHIBUYA-KU, TOKYO 151-0051 JAPAN

［企画・編集・広告進行］
Telephone 03-5474-6200　Facsimile 03-5474-6202
［販売・営業］
Telephone & Facsimile 03-5474-8213
URL https://www.studio-tac.jp/
E-mail stc@fd5.so-net.ne.jp

2307B

警告

この本は、習熟者の知識や技術、経験をもとに、編集時に読者に役立つと判断した内容を記事として再構成し掲載しています。運転する上での効果や安全性等は、すべてそれを行なう個人の知識や技術、体調等に委ねられるものです。よって、出版する当社、株式会社スタジオ タック クリエイティブ、および監修先各社では運転の結果や安全性を一切保証できません。運転において発生した物的損害や傷害について、当社では一切の責任を負いかねます。すべての運転におけるリスクは、ご本人に負っていただくことになりますので、充分にご注意ください。

使用する物に改変を加えたり、使用説明書等と異なる使い方をした場合には不具合が生じ、事故等の原因になることも考えられます。メーカーが推奨していない使用方法を行なった場合、保証やPL法の対象外になります。

本書は、2023年5月10日までの情報で編集されています。そのため、本書で掲載している法令やサービスの名称、仕様、価格などは、関係官庁や監修各社、メーカー、小売店などにより、予告無く変更される可能性がありますので、充分にご注意ください。